食品营养与安全

主　编　唐雨德　周东明

编　委　陈　琼　李　晶　李文豪
谭维国　卜爱文　魏德江
韦士才

苏州大学出版社

图书在版编目(CIP)数据

食品营养与安全 / 唐雨德,周东明主编. —苏州 :
苏州大学出版社, 2016.3
(健康零距离丛书)
ISBN 978-7-5672-1663-1

Ⅰ.①食… Ⅱ.①唐… ②周… Ⅲ.①食品营养－基本知识②食品安全－基本知识 Ⅳ.①R151.3②TS201.6

中国版本图书馆 CIP 数据核字(2016)第 002502 号

书　　名: 食品营养与安全

主　　编: 唐雨德　周东明
责任编辑: 施　放　李寿春

出版发行: 苏州大学出版社
社　　址: 苏州市十梓街 1 号(邮编:215006)
印　　刷: 南通印刷总厂有限公司

开　　本: 850 mm×1 168 mm　1/32　印张: 7　字数: 150 千
版　　次: 2016 年 3 月第 1 版
印　　次: 2016 年 3 月第 1 次印刷
书　　号: ISBN 978-7-5672-1663-1
定　　价: 17.00 元

《健康零距离》丛书
编　委　会

目 录

引　言

合理饮食是最好的医药

中医有“药食同源”之说，有些食物既可食用又可药用，合理膳食能吃出健康。据统计，每人年均饮食消耗量达1吨多，活到80岁者一生中可消耗掉近百吨食物。因此，科学饮食、平衡饮食、合理饮食非常重要。

营养和安全是食品的两大基本属性。食品安全是前提，食品营养是保证。医学临床统计表明，人类80%的疾病是吃出来的，这包括营养素缺乏或不平衡，以及食品安全引起的问题。

食品安全直接关乎健康和生命。能否保障食品安全，让人吃得健康、吃得安全，对老百姓来说是“天大的事”，食品安全日益成为公众关注的焦点。但是，食品的安全是相对的，没有绝对安全的食品，关键是有害物质含量是否安全可控。

相对于食品安全，公众对食品营养关注较少，特别是现在经济条件好了，大多数人想吃什么就能吃什么，自以为吃得很好，营养没有问题。其实，大部分人只是脂肪与糖类（碳水化合物）摄入过剩，部分人蛋白质摄入过多，极少有人钙、铁、锌过量和维生素B、维生素A过量的,微量营养素仍然处于不足状态。一方面肥胖的人增多了;另一方面营养不良引起的缺钙、缺铁的人也多了。现在,心脑血管病、肿瘤、糖尿病发病率增加,并不是因为经济发达、生活富裕造成的,而是营养健康知识缺乏和错误生活方式导致的营养失衡造成的。

——过多摄入动物食品,喜好油多、糖多,是过度肥胖的罪魁祸首,也是心脏病、糖尿病等慢性病的直接诱因。

——完美素食主义者,鱼、肉、蛋、油的摄入量少,通常会引发蛋白质不足、维生素A缺乏、贫血、缺锌之类的营养不良问题。

荤素比例要协调。荤素要搭配,素菜里面提供膳食纤维、矿物质、维生素和胡萝卜素等人体所需营养物质。

人类80%的疾病与吃有关,吃得好可以防病,吃得不好会生病。药物能治病,但不能天天吃。食物有营养,必须天天吃,平衡膳食并保证食物安全,方可减少疾病。食物品种多样,油、糖不过量,合理饮食、平衡膳食,是多数长寿者的秘诀。通过饮食调节,也就是我们常说的"食疗",也能"把吃出来的病吃回去"。因此,合理饮食是最好的医疗!

第一章 营养素——构筑我们身体的基石

人体为了维持生命活动，保证正常生长发育和从事劳动，必须从食物中获得营养物质，亦称营养素。人体所需的营养素有糖类、脂肪、蛋白质、维生素、矿物质和水六大类，近几年，有人将膳食纤维也归为一类营养素，这样就有七类。各类营养素在体内各有其生理功能，而且有一定的数量和质量要求。

第一节 各类营养素对人体的作用

一、蛋白质

蛋白质是生命的物质基础，是任何生命所不可能缺少的物质，是营养素中的第一要素，任何其他营养物质都不能替代。蛋白质的主要生理作用是作为构成和修补组织细胞的建筑材料。神经、肌肉、内脏、血液、骨骼，甚至指甲和头发没有一处不含蛋白质。广泛参与人体各种各样生命活动的酶和激素也是蛋白质；人血中有一种称为抗体的物质，也

图 1-1　含蛋白质丰富的食物

是由蛋白质构成的,可提高机体抵抗力。此外,蛋白质还具有调节渗透压和供给热能等作用。

二、脂肪

脂肪包括中性脂肪和类脂质。中性脂肪是由 1 个分子甘油和 3 个分子脂肪酸组成的酯,称为三酰甘油(甘油三酯)。我们日常食用的豆油、菜油、花生油等植物油和猪油、牛油、羊油等动物油的主要成分就是三酰甘油,也就是中性脂肪。类脂质是一些能够溶于脂肪或脂肪溶剂的物质,在营养学上特别重要的有磷脂和固醇两类化合物。

脂肪是产能量最高的一种热源质,为机体提供能量;一些类脂质如磷脂、胆固醇是细胞的主要成分,在生命活动过程中起着重要作用;人体所必需的脂肪酸,主要靠膳食脂肪来提供;脂肪可促进脂溶性维生素(如维生素 A、D、E、K)的吸收。此外脂肪还可起到维持体温,保护脏器,提高膳食感官性状等作用。

在脂肪酸中只有亚油酸和α-亚麻酸是人体不能合成的,而它们又是人体生理功能必需的,只能由食物供给,营养学上称这两种脂肪酸为“必需脂肪酸”。亚油酸是合成前列腺素的前体物质，人体的心、肝、肾、脾、神经系统、胸腺、虹膜、甲状腺等都含有前列腺素，全身许多细胞都利用亚油酸合成前列腺素，对内分泌、生殖、消化、血液、呼吸、心血管、泌尿和神经系统均有作用。α-亚麻酸在体内可以衍生为二十碳五烯酸（EPA）和二十二碳六烯酸（DHA），对老年人视力、脑功能及认知能力均有影响。因此，膳食中充足的必需脂肪酸对延缓衰老很重要。

三、糖类

糖类又称碳水化合物，是自然界存在最多、分布最广的一类重要的有机化合物。根据其结构的不同，可分为单糖、双糖和多糖三类。

图 1-2　主食——米饭与面食均为糖类

单糖是最简单的糖。单糖具有甜味，可直接被身体吸收和利用，如葡萄糖、果糖、半乳糖。人体血糖就是葡萄糖，果糖是最甜的糖。双糖是由两个分子单糖结合在一起，再脱去一个分子水所组成的，在化学上称为“缩合”。常见的有蔗糖、麦芽糖和乳糖等。多糖是由至少 10 个单糖组成的聚合糖高分子糖类，主要有淀粉、糊精和糖原，以及纤维素和果胶。

糖类在人体内最重要的生理功能是供给能量,还有其他一些特殊的生理活性。例如,肝脏中的肝素有抗凝血作用;血型中的糖与免疫活性有关;核酸的组成成分中也含有糖类化合物——核糖和脱氧核糖。此外,糖类还有节约蛋白质、抗生酮、保肝解毒和增强肠道功能的作用。

四、维生素

维生素又名维他命,通俗来讲,即维持生命的物质,是维持人体生命活动所必需的一类有机化合物,也是保持人体健康的重要活性物质。维生素在体内的含量很少,但不可或缺。

维生素是个庞大的家族,种类很多,化学结构差异极大,现阶段所知的维生素就有几十种,通常按溶解性质大致可将其分为脂溶性和水溶性两大类。

(一)脂溶性维生素

脂溶性维生素有维生素A、维生素D、维生素E、维生素K等,溶于脂肪,储存于人体脂肪组织内。

维生素A:又称抗干眼病维生素,能促进人的眼部组织健康,保护视力;能提高机体免疫力。

维生素D:是抗佝偻病维生素,帮助人体吸收钙质,维护骨骼健康。

维生素E:又叫生育酚,是强力抗氧化剂,保护细胞膜、血管、心脏、皮肤、肝脏等组织免受自由基伤害,延缓衰老等。

维生素K:可促进肝脏生成凝血酶原,从而促进血液正常凝结。

(二)水溶性维生素

水溶性维生素有维生素B族和维生素C,溶于水而不溶于脂,体内不能大量储存,因此每天必需摄入足够的水溶性维生素以补充人体对它的需要量。维生素 B 族共有 8 种：B_1、B_2、泛酸、烟酸、B_6、B_{12}、叶酸、生物素。

维生素 B_1：又称硫胺素。在酸性条件下稳定，在中性和碱性条件下遇热易破坏，是所有维生素中最不稳定者之一。B_1 是脱羧辅酶的组成成分，为充分利用糖类所必需，可防止组织中聚集丙酮酸而中毒；B_1 能增进食欲、促进生长。

维生素 B_2：又称核黄素，是脱氢酶辅基的组成成分，为细胞中氧化作用所必需，促进生长。

烟酸（维生素 B_3）：化学名是尼克酸，是辅酶 1 和辅酶 2 的组成成分，为细胞内呼吸作用所必需。维持皮肤和神经组织的健康。

维生素 B_6：是体内转氨酶、脱羧酶、消旋酶、脱氢酶、合成酶和羟化酶等的辅酶。帮助糖类、脂肪和蛋白质的分解、利用。

叶酸（维生素 B_9）：是体内一碳单位转移酶的辅酶。参与氨基酸代谢，嘌呤、嘧啶的合成，从而与核酸和蛋白质的合成密切有关。

维生素 B_{12}：参与一碳单位代谢，促进血细胞的成熟。

泛酸（维生素 B_5）：辅酶 A 的组成成分，与糖类、脂肪和蛋白质的代谢密切有关。

生物素（维生素 B_8）：羧化酶辅酶的组成成分。

维生素 C：化学名为抗坏血酸。激活羟化酶，促进组织中胶原的形成；参与体内氧化还原反应；在体内起着抗氧化剂的作用，促进铁的吸收。

五、矿物质与微量元素

人体所需要的矿物质与微量元素有 20 多种，其中体内含量较多，需要量较大的有钙、镁、钾、钠、磷、硫、氯 7 种元素,其他元素如铁、碘、锌、锰、铜、钼、钴、硒、钒、硅、铬、氟、镍、锡14种含量和需要量比较小,故称为微量元素。由于新陈代谢,人体每天都有一定的矿物质排出体外,因此需要每天通过膳食供给与补充。

钙:是构成人体骨骼及牙齿的主要成分,另有少部分存在于软组织及体液中。钙对血液的凝固、心肌的搏动、神经细胞的正常活动起着重要的作用。

磷:磷同钙一样,都是构成骨骼和牙齿的成分,它使骨骼和牙齿更坚硬。磷参与糖及脂肪的代谢和吸收,对人体能量的转移和酸碱平衡的维持起着重要的作用。

钾:细胞内液中主要的阳离子。维持体内的水平衡、渗透压及酸碱平衡。增强肌肉兴奋性,维持心跳规律。参与蛋白质、糖类和热能代谢。

钠:细胞外液中主要的阳离子。维持体内的水平衡、渗透压及酸碱平衡,增强肌肉的兴奋性。

镁:细胞内液中重要的阳离子。激活体内多种酶,维持核酸结构的稳定性,抑制神经的兴奋性,参与体内蛋白质合成、肌肉收缩和体温调节作用。

氯:细胞外液中主要的阴离子。维持体内的水平衡、渗透压和酸碱平衡。激活唾液中的淀粉酶。

铁:是构成血红蛋白、肌红蛋白、细胞色素和其他酶系统的主要成分,参与氧的运转、交换和组织呼吸过程。缺铁时易引起缺铁性或叫营养性贫血。

锌:是目前所知的人体必需的几种微量元素之一,其在体内的含量仅次于铁而居微量元素的第二位。锌是体内许多酶的组成成分或酶的激活剂,锌对机体的生长发育、智力发育、物质代谢、增强免疫功能和生殖功能等方面都有重要的意义。

碘:是组成甲状腺的重要成分。体内缺碘,易引起甲状腺素合成不足,从而导致甲状腺肿大(俗称大脖子病)。孕妇缺碘,可使婴儿生长迟缓,智力低下,皮肤粗糙、干燥及浮肿等。

硒:是谷胱甘肽过氧化物酶的重要组成部分,有解毒作用,能保护心血管、维护心肌的健康,硒还有促进生长、保护视觉器官及抗肿瘤的作用。硒缺乏是发生克山病的重要原因,缺硒与大骨节病也有关。硒摄入过多可致中毒。

铜:被吸收后,经血液被送至肝脏及全身,除一部分以铜蛋白形式储存于肝脏外,其余或在肝内合成血浆铜蓝蛋白,或在各组织内合成细胞色素氧化酶、过氧化物歧化酶、酪氨酸酶等。这些铜蛋白和铜酶在人体内起着重要作用,因参与铁代谢、蛋白质交联、超氧化物转化等,从而对维护正常的生血功能,维护骨骼、血管和皮肤的正常与中枢神经系统的健康,保护毛发正常的色素和结构,保护机体细胞免受过氮化物的损害等都有重要作用。除此之外,铜还对胆固醇代谢、心肌细胞氧化代谢、机体防御功能、激素分泌等许多生理、生化和病理生理过程有影响。

铬:可增强胰岛素的作用,使葡萄糖转变成脂肪;可降低血清胆固醇,提高高密度胆固醇,预防动脉硬化。此外,铬可以促进蛋白质代谢和生长发育。

锰:活化硫酸软骨素合成的酶系统;促进生长和正常的成骨作用。

钴:是维生素 B_{12} 的重要组成成分。

钼:构成黄嘌呤氧化酶、醛氧化酶和亚硫酸氧化酶的重要成分。

氟:是牙齿和骨骼的组成成分。可预防龋齿和老年性骨质疏松。

六、水

水的生理功能包括以下 6 个方面。

(1) 溶媒：所有的营养物质的消化吸收、转运、代谢及排泄都需要溶解在水中才能进行，离开水一切化学反应都无法进行。

(2) 调节体温：在环境温度变化较大的情况下，人体体温总是可以保持在一个正常范围，其中水起到了重要的作用。机体最有效的散热方式是皮肤表面的水分蒸发，即排汗方式。水的汽化热很大，每蒸发 1 升汗液要吸收约 600 kcal 的热量，因此，当气温升高或剧烈运动身体产热过多时，通过汗液的蒸发可散发大量热量，维持体温的恒定。

(3) 润滑剂：水以体液的形式在身体各个组织器官中发挥着润滑剂的作用，使组织器官在活动时减少摩擦，如泪液可减轻眼球的摩擦及防止眼角膜干燥，唾液可湿润咽喉，关节液可减轻骨端间的摩擦，胸、腹浆液可减轻胸腔和腹腔中内脏与胸及腹壁间的摩擦。

(4) 参与构成组织：蛋白胶体中的水直接参与构成细胞和组织，这种结合水使组织具有一定形态、硬度和弹性。

(5) 反应剂：任何参加化学反应的化学物均称为反应剂，在化学反应中反应剂会被转化为反应产物。水是一种反应剂，参与机体多种化学反应，水分子被分解以提供反应所需的氢原子、氢离子、氧原子、氧离子、羟基、氢氧根离子等。

(6) 其他：饮用水和食物加工中使用的水可为人体提供所需的矿物质，如钙、镁、钠、钾、铜、锌、氟等。矿物质含量与水的来源有关。

七、膳食纤维

膳食纤维是指不能被人体消化吸收的多糖类及木质素，主要来自于动植物的细胞壁，包括纤维素、木质素、蜡、甲壳质、果胶、β 葡聚糖、菊糖和低聚糖等，通常分为水溶性和非水溶性膳食纤维两大类。

膳食纤维是健康饮食不可缺少的，纤维在保持消化系统健康上扮演着重要的角色，同时摄取足够的纤维也可以预防心血管疾病、癌症、糖尿病以及其他疾病。纤维可以清洁消化壁和增强消化功能，纤维同时可稀释和加速食物中的致癌物质和有毒物质的移除，保护脆弱的消化道和预防结肠癌。纤维可减缓消化速度和最快速排泄胆固醇，所以可让血液中的血糖和胆固醇控制在最理想的水平。

第二节 膳食中营养素的来源及供给量

一、膳食中营养素的来源

(一) 蛋白质

蛋白质的食物来源有植物性蛋白质和动物性蛋白质两大类。植物性蛋白质，粮谷约含 10%，豆类可达 20%～40%，蔬菜含蛋白质极少。动物性食品蛋白质含量较高且质量好。蛋类和奶类是蛋白质的最佳来源，属于全价蛋白。

(二) 脂肪

脂肪的食物来源主要是植物油、油料物种子及动物性食物。必需脂肪的最好食物来源是植物油类,所以在脂肪的供应中,要求植物来源的脂肪不低于总脂肪量的50%。

(三) 糖类

糖类主要来源于谷类和薯类。谷类含量为40%~70%,薯类15%~29%。

(四) 维生素

维生素A:多存在于鱼肝油、动物肝脏、绿色蔬菜中。

维生素D:多存在于鱼肝油、蛋黄、乳制品、酵母中。多晒太阳,可促进维生素D的合成。

维生素E:多存在于鸡蛋、肝脏、鱼类、植物油中。

维生素K:多存在于菠菜、苜蓿、白菜、肝脏中。

维生素B_1:主要来源于酵母、谷物、肝脏、大豆、肉类。

维生素B_2:多存在于酵母、肝脏、蔬菜、蛋类中。

烟酸:多存在于菸碱酸、酵母、谷物、肝脏、米糠中。

维生素B_6:多存在于酵母、谷物、肝脏、蛋类、乳制品中。

维生素B_{12}:多存在于肝脏、鱼肉、肉类、蛋类中。

生物素:主要来源于酵母、肝脏、谷物。

维生素C:多存在于新鲜蔬菜、水果中。

(五) 矿物质与微量元素

钙:主要膳食来源是虾皮、牛奶、奶酪、鸡蛋、海带、紫菜、黄豆、豆腐、绿色蔬菜等。其中动物性食品中的钙较易被吸收,尤其是乳类中的钙最容易被人体吸收。虾皮虽然含钙高,但吸收率极低。

磷:动物性食品中的乳类、蛋类、肉类等,植物性食物中的豆类及绿色蔬菜含磷量均很丰富。

铁:主要膳食来源为动物性食物,如肝脏、动物全血、畜禽肉类、鱼类、蛋类等,植物性食物如豆类、绿色蔬菜等。

锌:来源广泛,普遍存在于各种食物中,如贝壳类(如牡蛎)、肉类、肝脏、蛋类、豆类及谷类胚芽。动物性食物含锌丰富且吸收率高。每千克食物的含锌量:牡蛎、鲱鱼均在1 000 mg以上,肉类、肝脏、蛋类则在20～50 mg之间。

碘:主要食物来源为海产品,如贝类、鱼类、海洋植物。

硒:食物中硒含量受其产地土壤中硒含量的影响很大,因而有很大的地区差异,一般地说,海产品、肾、肝、肉和整粒的谷类是硒的良好来源。

铜:广泛分布于各种食物。谷类、豆类、硬果、肝、肾、贝类等都是含铜丰富的食物。

铬:最好的来源是整粒的谷类、豆类、肉和奶制品。谷类经加工精制后铬的含量大大减少,啤酒酵母和家畜肝脏不仅含铬高而且其所含的铬活性也大。红糖中铬的含量高于白糖。

(六) 水

人体内水的来源大概可分为饮料水、食物水和代谢水三类:① 饮料水,包括菜汤、乳、白开水及其他各种液体饮料,每天由其供给约550～1 500 ml水。② 食物水,指来自半固体和固体食物的水,每天为700～1 000 ml。③ 代谢水,指来自体内氧化或代谢过程所产生的水,每天为200～300 ml。

（七）膳食纤维

在所有的植物中，膳食纤维可以说是无处不在，而含纤维最高的食物是未经加工的种子和谷粒，坚果类食物也是它的丰富来源。若以每 4 184 kJ 能量食物中所含纤维为衡量基础，则绿叶蔬菜，尤其是白菜类是膳食纤维的最好来源。某些根茎类蔬菜，如萝卜和胡萝卜也是很好的来源。绿叶蔬菜和植物的茎的膳食纤维比含淀粉多的块根和块茎含量高。富含膳食纤维的食品有粗粮（燕麦、玉米渣、绿豆等）、蔬菜（芹菜、韭菜、白菜、萝卜等）、菌藻类（木耳、蘑菇、海带、紫菜等）、水果类、魔芋、琼脂等。

图 1-3　含膳食纤维较多的食品

二、营养素的需要量

不同年龄人群的营养素需要量参考中国营养学会推荐的每日膳食中营养素供给量（见表 1-1）。

第三节　营养素失衡

对于人体所需的各种元素来说，都有一个合理摄入量的问题，不能太少，也不能过量，因为摄入不足或摄入过量均不利于人体健康。

一、蛋白质失衡

缺乏蛋白质，婴儿不但生长迟缓，而且智力发育不良；成年人会出现抵抗力降低，创伤、骨折不易愈合，病后康复缓慢。严重缺乏还可出现营养不良性水肿。蛋白质摄入过多会增加肾脏的负担，对其他营养物质的吸收利用也有一些不利影响，如肾脏患者、尿酸高患者都应限制蛋白质的摄入。

蛋白质是由许多氨基酸按一定的方式连接而成，食物蛋白质中有 20 多种氨基酸，其中 8 种在体内不能合成或合成速度不够快，不能满足机体需要，必须由食物供给，称为“必需氨基酸”，它们分别是赖氨酸、色氨酸、苯丙氨酸、蛋氨酸、苏氨酸、异亮氨酸、亮氨酸和缬氨酸。这 8 种氨基酸缺乏任何一种，都会造成蛋白质的失衡。一般动物性食品中必需氨基酸全面而且比例合适，而大米、玉米中赖氨酸和色氨酸缺乏，黄豆蛋白质内赖氨酸较多，蛋氨酸却较少。

二、脂类失衡

脂肪摄取过量会使其堆积于体内，增加体重，还容易引起动脉硬化或心脏疾病，体脂若男子超过 20%，女子超过

30%就属肥胖。肥胖者易患糖尿病、胆结石症、高血压病、心脏病、动脉血管硬化等。脂肪过多会影响蛋白质和铁的吸收,还会影响人的耐力及其他运动能力。

脂肪摄入不足不利于人体器官组织中的细胞构成,不利于脂溶性维生素 A、维生素 D、维生素 E、维生素 K 等的吸收和利用,易患脂溶性维生素缺乏症。

三、糖类的失衡

膳食中缺乏糖类将导致疲乏、血糖含量降低,产生头晕、心悸、脑功能障碍等,严重者会导致低血糖昏迷。美国最新(2012 年)研究发现,在饮食中,长期控制糖类摄取量的同时,蛋白质的摄取量会呈增加趋势,结果造成心肌梗死和脑卒中的风险升高。

当膳食中糖类过多时,就会转化成脂肪储存于体内,使人过于肥胖而导致各类疾病如高脂血症、糖尿病等。

四、维生素的失衡

(一) 维生素的过量

维生素对身体重要,但不是多多益善。有的通过维生素药片(丸)补充维生素,剂量过大会造成中毒或不同程度的身体不适。

长期大量补充脂溶性维生素 A、维生素 D、维生素 E、维生素 K,会造成身体的慢性中毒,甚至急性中毒。这些维生素尽量采用食补。

长期服用大剂量(每天数克)维生素 B_6,会引起严重的末梢神经炎。稍微过量的维生素 B_3,就会导致脸部和肩膀容易发红、头痛、瘙痒和胃病,严重过量则会出现口腔溃疡、糖尿病和肝脏受损的病症。有人主张长期服用大剂量维生素 C 预防感冒、癌症及降血脂等，但有报道，每日服用 1g 可发生腹泻；一次服 4g 导致尿酸尿，长期大剂量服用使一些患者形成尿道草酸盐结石；孕妇服用大剂量维生素 C 后，可使婴儿出现坏血病。

(二) 维生素的缺乏

1. 维生素失衡时可能会出现的信号

(1) 头发色浅：机体缺乏维生素 B_2。

(2) 干发、脱发：机体缺乏维生素 C 和铁质。

(3) 鼻出血：最常见的是维生素 C 或维生素 K 缺乏。

(4) 唇部开裂蜕皮：是 B 族维生素及维生素 C 缺乏的表现，可多吃蔬菜、瓜果或服维生素制剂来补充。

(5) 口角干裂发红：机体缺乏铁质、维生素 B_2 和维生素 B_6 所致。

(6) 口腔黏膜出血：缺乏维生素 C。

(7) 舌痛：缺乏维生素 B_2、维生素 C 及烟酸。

(8) 舌体变小：缺乏叶酸、铁质。

(9) 舌红：缺乏烟酸。

(10) 地图舌：机体缺乏维生素 B_2。

2. 各类维生素缺乏的表现

(1) 维生素 A 缺少：皮肤干燥、脱屑、粗糙，气管、支气管易受感染，免疫力下降，严重者易患夜盲症。

(2) 维生素 B_1 缺乏：是脚气病、神经炎的病因。易患人群为长期以精白米为主食，而又缺乏其他副食补充者。

(3) 维生素 B_2 缺少：易患口舌炎症(口腔溃疡)；皮肤表现为脂溢性皮炎，多发生在鼻翼两侧、脸颊、前额及两眉之间；男性阴囊发痒、红肿、脱屑、渗出、结痂并伴有疼痛感；

女性阴部瘙痒、发炎、白带增多。

(4) 维生素 B_6 缺乏:① 成人表现为眼、鼻与口腔周围皮肤脂溢性皮炎,随后扩展到面部、前额、耳后、阴囊及会阴等部位,并在颈项、前臂和膝部出现色素沉着;唇裂、舌炎及口腔炎症;急躁,精神抑郁、无表情、嗜睡、肌肉萎缩,体重下降。② 幼儿会发生烦躁、肌肉抽搐和惊厥;呕吐、腹痛,以及体重下降等。婴儿长期维生素 B_6 缺乏,还会造成体重停止增长,低血色素性贫血。

(5) 维生素 B_{12} 缺乏:较为少见。可见于胃切除患者、胃壁细胞出现自身免疫的患者、老年人、萎缩性胃炎患者等。维生素 B_{12} 缺乏的临床表现主要是恶性贫血和神经系统损害(出现精神抑郁、记忆力下降、四肢震颤等)。

(6) 维生素 C 缺乏:会引起食欲不振,疲乏无力,精神烦躁;牙龈疼痛红肿、出血,严重者牙床溃烂、牙齿松动,甚至脱落;皮肤干燥,皮肤瘀点、瘀斑,甚至皮下大片青肿;下肢骨膜下出血、腿肿、疼痛;患儿两腿外展、小腿内弯呈"蛙腿状";眼结膜出血,眼窝骨膜下出血可致眼球突出;骨膜下出血,易骨折,骨萎缩;面色苍白、呼吸急促等贫血表现;免疫功能低下,易患各种感染性疾病。

(7) 维生素 D 缺乏:是小儿佝偻病与成人骨软化病的病因。小儿佝偻病常见于 3 岁以下的儿童,尤其是 1 岁以内的幼儿;成人骨软化病多见于孕妇、乳母及老年人。

小儿佝偻病的表现为患儿常有多汗、易惊、囟门大、出牙迟及枕秃等症状。患儿生长发育缓慢,免疫力低,易患肺炎、腹泻等病,病死率较高,容易骨折。成人骨软化病的表现为腰背部和腿部不定位时好时坏的疼痛,通常活动时加剧;四肢抽筋,骨质疏松、变形,易发生骨折。

(8) 维生素E缺乏:维生素E广泛存在于食物中,几乎可储存在体内所有的器官组织中,且在体内停留的时间较长,一般不会造成缺乏。易患人群主要是脂肪吸收不良(患口炎性腹泻、胰腺病变)者、新生婴儿(尤其是早产儿)、多不饱和脂肪酸摄入过多者,可能会引起维生素E的缺乏。维生素E缺乏主要表现为神经系统功能低下,出现中枢和外周神经系统的症状。维生素E缺乏还可能导致一些老年人免疫力低下。新生婴儿(尤其是早产儿)缺乏维生素E,可引起新生儿溶血性贫血。

(9) 烟酸缺乏:可引起癞皮病。易患人群主要出现于以玉米或高粱为主食的人群。癞皮病的初期表现为体重减轻、食欲不振、失眠、头疼、记忆力减退等,继而出现皮肤、胃肠道、神经系统症状。皮肤症状为对称性皮炎,分布于身体暴露和易受摩擦部位,如面、颈、手背、下臂、足背、小腿下部,以及肩背部、膝肘处皮肤和阴囊、阴唇、肛门等处。胃肠道症状主要为食欲丧失,消化能力减弱、恶心、呕吐、腹痛、腹泻或便秘(两者可交替出现)。神经系统症状包括精神错乱、神志不清,甚至痴呆等。

(10) 叶酸缺乏:主要是引起巨幼细胞性贫血,即骨髓中幼红细胞分裂增殖速度减慢,细胞体积增大,引起血红蛋白合成减少,表现为巨幼细胞贫血。此外,孕妇缺乏叶酸,可使先兆子痫、胎盘剥离的发生率增高,患有巨幼红细胞贫血的孕妇易出现胎儿宫内发育迟缓、早产及新生儿低出生体重。怀孕早期缺乏叶酸,还易引起胎儿神经管畸形(如脊柱裂、无脑畸形等)。

五、矿物质与微量元素的失衡

1. 钙

钙缺乏主要表现在骨骼的病变，即佝偻病和骨质疏松症。钙过量会增加肾结石的危险，易发生奶碱综合征（高血钙症、碱中毒、肾功能障碍），干扰其他矿物质的吸收和利用，因钙和铁、锌、镁、磷等存在相互作用。

2. 镁

镁缺乏可致神经肌肉兴奋性亢进；低镁血症患者可有房室性期前收缩、心房颤动以及室性心动过速与心室颤动，半数有血压升高；也可导致胰岛素抵抗和骨质疏松。镁过量常伴有恶心、胃肠痉挛等胃肠道反应；易出现嗜睡、肌无力、膝腱反射弱、肌麻痹；可发生随意肌或呼吸肌麻痹；可以发生心脏完全传导阻滞或心脏停搏。

3. 钾

钾缺乏可在神经肌肉、消化、心血管、泌尿、中枢神经等系统发生功能性或病理性改变。如肌肉无力、瘫痪、心律失常、横纹肌肉裂解症及肾功能障碍等。

4. 铁

铁缺乏会降低食欲。儿童易烦躁，对周围人和事不感兴趣，身体发育受阻，出现体力下降、注意力与记忆力调解过程障碍、学习能力降低等现象。成人表现为冷漠呆板；面色苍白，口唇黏膜和眼结膜苍白，有疲劳乏力、头晕、心悸、指甲脆薄、反甲等。铁过量可致中毒，主要症状为消化道出血；导致肝纤维化、肝硬化、肝细胞瘤；导致机体氧化和抗氧化系统失衡。

5. 碘

碘缺乏会引起甲状腺肿、少数克汀病的发生及亚临床克汀病和儿童智力低下的发生（呆小症）。碘过量可导致高碘性甲状腺肿。

6. 锌

锌缺乏时，生长期儿童出现生长迟缓、垂体调节功能障碍、食欲不振、味觉迟钝甚至丧失、皮肤创伤不易愈合、易感染等；性成熟延迟、第二性征发育障碍、性功能减退、精子产生过少等。锌过量常可引起铜的继发性缺乏，损害免疫器官和免疫功能，影响中性粒细胞及巨噬细胞活力，抑制趋化性和吞噬作用及细胞的杀伤能力。

7. 硒

硒缺乏会导致心脏扩大、心功能失代偿、心力衰竭、克山病。硒过量可致中毒，主要表现为头发变干、变脆、易断裂及脱落。其他部位如眉毛、胡须及腋毛也有上述现象，肢端麻木、抽搐，甚至偏瘫，严重时可致死亡。

8. 铬

铬缺乏易引起生长迟缓、葡萄糖耐量损害、高葡萄糖血症等。

六、水的失衡

身体在正常情况下，不会出现水过多或者水中毒，出现这种情况多见于疾病，如肾脏疾病、肝脏病、充血性心力衰竭等。这不是营养问题，应及时就医。水中毒的临床表现为渐进性精神迟钝、恍惚、昏迷、惊厥等，严重者可引起死亡。

缺水比较常见，一般人在日常生活中都会碰到，只要及

时补充,不会造成身体的伤害。缺水的主要表现如下:

(1) 口渴、口腔干燥、舌头肿胀。身体缺水的第一信号是口渴。脱水会导致口干和舌头轻微肿胀,所以夏季要及时喝水。

(2) 小便深黄色。随着血压下降和身体组织缺水,脱水者的肾脏会浓缩尿液,甚至阻止尿液产生。尿液浓度随之增加,其颜色也会逐步加深,严重时呈深黄色甚至琥珀色。

(3) 便秘。当肠道吸收过量水分时,就会发生便秘。身体一旦缺水,肠道就会吸收更多水分予以补充体液,从而导致大便干结。

(4) 皮肤缺乏弹性。脱水会降低皮肤弹性。医生通过"挤捏试验"快速检查皮肤弹性,判断患者是否脱水。

(5) 心悸、头昏。心脏与身体其他肌肉一样,脱水造成的血流量减少和电解质变化会导致心悸、头昏。

(6) 肌肉痉挛。

七、膳食纤维的失衡

虽然膳食纤维好处很多,但是却不可食之过量,否则对健康的危害是很大的。大量进食膳食纤维,在延缓糖分和脂类吸收的同时,也在一定程度上阻碍了部分常量和微量元素的吸收,特别是钙、铁、锌等元素。大量补充纤维,还可能导致发生低血糖反应,降低蛋白质的消化吸收率。糖尿病患者的胃肠道功能较弱,胃排空往往延迟,大量补充纤维,可能使糖尿病患者的胃肠道"不堪重负"。甚至出现不同程度的胃轻瘫。但膳食纤维不足的最大危害是便秘。

各类食品的营养价值
——正确选择食品的依据

食物是人体所需营养物质的主要来源。食物种类甚多,按其来源可分为动物性食物及植物性食物两大类。各类食物所含营养成分不一,其营养价值各异。任何一种单一的食物均难以满足人体所需的各种营养素,平衡膳食就要求含有人体所需的各种营养素。因此,就必须研究食物营养成分及其营养价值,以便合理选择利用,满足人体营养需要。

第一节　如何评价食品营养价值

食物的营养价值是指食物中所含的热能和营养素能满足人体需要的程度,包括营养素的种类、数量和比例、被人体消化吸收和利用的效率、所含营养素之间有何相互作用等几个方面。如何评价食物的营养价值呢？当然,营养素的含量高低是重要指标,而其质量优劣有时更能反映食物营养价值的高低。如评定食物中蛋白质的营养价值时,除测定其含量外,还需分析它的质量即必需氨基酸的含量、组成、配比、消化吸收情况等;再如评定食物中铁的营养价值时,不仅要考虑到食物中铁的含量,还要考虑它的吸收利用情况,如肝脏或瘦肉中富含的铁易吸收,而菠菜中的铁不易吸收(菠菜中的草酸盐抑制铁元素的吸收)。此外,食物加工烹调时使用的方法技术是否合理,直接关系到营养价值的高低,如米、面加工精度过高、淘洗次数太多、烹调温度过高,将损失较多的B族维生素;大豆通过加工制成豆腐等豆制品,可明显提高蛋白质的消化吸收和利用,因为通过加工去除或破坏了大豆中的抗营养素因子,提高了大豆蛋白质的营养价值。

食物营养讲究的是平衡,由于食物的营养素组成特点不同,在平衡膳食中所发挥的作用也不同。因此,通过营养素的含量高低、质量优劣以及营养素在加工中的变化来评价食物的营养价值都有其片面性。营养质量指数与营养素的生物利用率是目前评价食品营养价值的比较权威的2个指标。

一、营养质量指数

营养质量指数(INQ)是评价食品营养价值的指标,即营养素密度(待测食品中某营养素占供给量的比)与热能密度(待测食品所含热能占供给量的比)之比。计算公式如下:

$$INQ = \frac{\text{一定食物中某营养素含量/该营养素推荐摄入量}}{\text{一定食物提供的能量/能量推荐摄入量}}$$

INQ = 1,表示食物的该营养素与热能含量,对该供给量的人的营养需要达到平衡;INQ > 1,表示该食物该营养

素的供给量高于热能，故 INQ≥1，为营养价值高；INQ<1，说明此食物中该营养素的供给少于热能的供给，长期食用此种食物，可能发生该营养的不足或热能过剩，为营养价值低。

二、营养素的生物利用率

食物中所存在的营养素往往并非人体直接可以利用，而必须先经过消化、吸收和转化才能发挥其营养作用。所谓营养素的“生物利用率”，是指食品中所含的营养素能够在多大程度上在人体代谢中被利用。在不同的食品中，不同的加工烹调方式，与不同食物成分同时摄入时，营养素的生物利用率会有差别。

影响营养素生物利用率的因素主要包括以下 4 个方面：

(1) 食品的消化率：例如，虾皮中富含钙、铁、锌等元素，然而由于很难将其彻底嚼碎，故其消化率较低，因此其中营养素的生物利用率受到影响。

(2) 食物中营养素的存在形式：例如，在植物性食物中，铁主要以不溶性的三价铁复合物存在，其生物利用率较低；而动物性食品中的铁为血红素铁，其生物利用率较高。

(3) 食物中营养素与其他成分共存的状态：确定是否有干扰或促进吸收的因素。例如，在菠菜中由于草酸的存在，钙和铁的生物利用率降低。

(4) 人体的需要与营养素的供应程度：在人体需求急迫或是食物供应不足时，许多营养素的生物利用率提高；反之，在供应过量时便降低。

因此，评定食品营养价值有着重要意义：① 可以全面了解各种食物的天然组成成分,包括营养素、非营养素类物质、抗营养因素等;提出现有主要食品的营养缺陷;并指出改造或创制新食品的方向,解决抗营养因素问题,充分利用食物资源。② 可以了解在加工烹调过程中食品营养素的变化和损失,采取相应的有效措施,最大限度地保存食品中的营养素含量,提高食品营养价值。③ 指导人们科学地选购食品和合理配制营养平衡膳食,以达到增进健康、增强体质及预防疾病的目的。

第二节 “三低”与“三高”食品

“三高”食品是指高蛋白、高脂肪和高热量的食品;“三低”食品是指低糖、低盐、低热量的食品。

由于生活节奏的加快,“三高”人群(高血压、高血脂、高血糖)与肿瘤患者显著增多,许多专家将这些主要归罪于“三高”食品的摄入过多,鼓励大家多食用“三低”食品,认为“三低”食品有益健康。其实,无论“三高”还是“三低”食品都有其应有的营养价值,无所谓哪个多吃哪个少吃,关键是营养平衡,但针对不同的人群要有所侧重。

一、“三低”食品如何食用

应用“三低”食品对高血压、高血脂、高血糖等人群,确实有益,但若用于健康人,特别是处在生长发育阶段的青少年那就有可能导致营养不良。

1. 低脂肪食品

肥胖者少摄入脂肪是有益的,但体重正常的人为预防心脏病而食用低脂食品,长时间可招致一种胰岛素分泌过多的综合征乘虚而入。以蔬菜、水果等低脂肪食品取代肉类与奶制品,会导致人体分泌更多的胰岛素,从而使体内发生一连串的有害变化,如血液中的好胆固醇——高密度脂蛋白胆固醇降低,三酰甘油含量升高,血压上升,血糖浓度增加,从而损害血管,诱发心脏病、中风等病症。因此,保持脂肪食品的合理比重,对健康人来说很有必要。

脂肪分为饱和脂肪和不饱和脂肪,不饱和脂肪中的必需脂肪酸(如 EPA、DHA,主要含于深海鱼油和坚果种子中)可以降低血脂。必需脂肪酸是构成生物膜和前列腺素的原料,对维护心血管和大脑的正常运行至关重要。

2. 低胆固醇食品

长期吃低胆固醇食品可使心脏减少发病概率,但却有招致中风、肝病、肺炎乃至癌症的可能。胆固醇低的人患心脏病的比例比一般人低 50%,但患脑溢血的可能却多了 2 倍,患肝癌的可能多 3 倍,总的死亡率反而上升。南方居民常吃肥肉等高胆固醇食品,遭受脑中风之害的人反比北方少吃肥肉的人少。原因在于低胆固醇使细胞膜脆性增加,血管壁脆弱,脑内小血管缺乏外围组织的支撑,抵抗血压变化的能力减弱,从而易发生破裂。因此,只应限制那些体内胆固醇水平已经超标者[超过5.98 mmol/L(230 mg/100 ml)]吃低胆固醇食物。对体内胆固醇低于 4.16 mmol/L(160 mg/100 ml)者,不仅不应限制,还应适当增加胆固醇的摄取,以维持体内胆固醇的正常水平(180～220 mg/100 ml),保护自身健康。

3. 低盐食品

过多吃盐与高血压发病有关,但也不可食之过少。吃盐较多的老年人大脑处理信号的能力较强,注意力较集中,短期记忆也较好;吃盐过少的老年人则相反,上述能力均明显降低,一旦增加盐的摄入量,种种与脑功能有关的能力明显增强。因此,吃盐太少会对脑功能带来消极影响,凡血压正常的人不宜盲目吃低盐食品。

二、"三高"食品的食用

高蛋白、高脂肪和高热量的食品一般都是美味且营养丰富,如不加以控制,容易摄食过多造成健康问题。对于健康人群来说,不必忌讳任何食物,平衡膳食才是关键。

1. 高蛋白食品

过量摄入高蛋白,对人体危害很大,若说高蛋白饮食是慢性疾病的罪魁祸首也不为过。那么,吃多少算过量?一个健康成人(体重60~70 kg)每天所需蛋白质的量,按每千克体重计算为0.8~1.0 g,即总量为50~70 g。具体到食物,相当于50 g瘦肉、一个鸡蛋、一袋牛奶、50 g豆制品(干豆腐,若是水豆腐应该摄入200 g)。处于生长发育期的儿童,妊娠期、哺乳期的女性,创伤修复期的患者,则需要更多的蛋白质。

过量食用高蛋白食品可能会造成下列问题:

(1) 高蛋白饮食进入人体后会代谢成氨基酸形式被人体吸收和利用,但过量的蛋白质,就需要通过脱氨基作用转化成糖类或者脂肪储存起来,而产生的氨对人体是有害的,需要通过肝脏转化成毒性相对较低的尿素,通过肾脏的过滤以尿液的形式排出体外,这一过程给肝脏和肾脏造成很大的负担,而一旦尿素排泄不畅,就会转化成尿酸,造成血尿酸升高而导致痛风。

(2) 高蛋白饮食,因为其代谢产物是尿酸和硫酸等酸性物质，使得血液偏酸性，人体机能就会进行中和反应，需要大量的钙镁等碱性物质进行中和，这样就会从骨骼和牙齿中溶出钙质，输送到血液中，尽量调节酸碱平衡；同时肉类食物中含磷较高含钙较低，进入人体后，为了保持血液中的钙磷比例，同样需要从骨骼中溶出钙质以增加血钙浓度，而高血钙又会使得肾脏再吸收能力跟不上，导致尿钙增多，使得钙流失，久而久之，会造成骨质疏松。

(3) 高蛋白饮食会导致维生素和矿物质摄入不足，由于缺乏促进氨基酸转化的维生素 B 族，会导致血液中同型半胱氨酸的升高，同型半胱氨酸过高会损伤血管内壁，被破坏的血管内壁会使得大量的胆固醇和低密度脂蛋白聚集，久而久之，导致血管内壁增厚，血管失去弹性，造成高脂血症、动脉硬化、冠心病等慢性疾病。

2. 高脂肪与高热量饮食

高脂肪与高热量饮食现在被称为垃圾食品，如肥肉、奶油、蛋黄、植物油、氢化花生油、人造黄油、人造奶油、巧克力及油炸食品等，洋快餐是其中的典型代表。这类食品的过量摄入对健康的危害包括肥胖、对心脑血管的损害、增加某些肿瘤（如大肠癌、胰腺癌）发生的风险。

第三节　酸性和碱性食品

一、何为酸性食品、碱性食品

大部分人对食物酸、碱性的认识十分模糊，认为吃起来酸酸的柠檬、醋就是酸性的。其实，食物的酸、碱性不是用简单的味觉来判定的。

在食物化学研究中,可以将食物分为“酸性食物”和“碱性食物”,分类的依据是按照食物燃烧(或高温消化)后所得灰分的化学性质而决定的。人类所需的矿物质中,与食物的酸碱性有密切关系者有8种:钾、钠、钙、镁、铁、磷、氯、硫。如果灰分中含有较多的硫、磷、氯元素,则溶于水后生成酸性溶液;而含钾、钠、钙、镁、铁元素较多的灰分,溶于水后则生成碱性溶液。这种研究主要是用来评价食物的化学性质,测定食物中的矿物元素含量。大部分动物性食物如鱼、肉、蛋、贝类等因含丰富蛋白质,而蛋白质中磷、硫浓度高,故属酸性食物;作为人类主要能量来源的大多数谷类、部分坚果和豆类(如花生、豌豆、扁豆等),以及葱、蒜、菌菇类因含有磷、硫元素也属于酸性食物。而碱性食物则包括大多数种类的蔬菜、水果、海藻类,以及茶叶、葡萄酒等。换而言之,低热量的植物性食物几乎都是碱性食品。

二、酸、碱性食物一览

强酸性食品:蛋黄、乳酪、甜点、白糖、金枪鱼、比目鱼等。

中酸性食品:火腿、培根、鸡肉、猪肉、鳗鱼、牛肉、面包、小麦等。

弱酸性食品:白米、花生、啤酒、海苔、章鱼、巧克力、通心粉、葱等。

强碱性食品:葡萄、茶叶、葡萄酒、海带、柑橘类、柿子、黄瓜、胡萝卜等。

中碱性食品:大豆、番茄、香蕉、草莓、蛋白、梅干、柠檬、菠菜等。

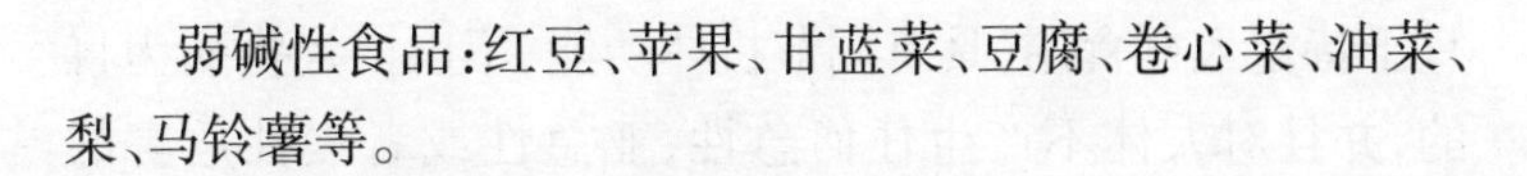

弱碱性食品：红豆、苹果、甘蓝菜、豆腐、卷心菜、油菜、梨、马铃薯等。

三、酸碱性食品对营养的指导意义

有人说“酸性体质是百病之源”，即人的血液 pH 值低于7.0 容易生病。其实，酸性体质是生病的结果，并非是导致生病的原因。

正常人体中血液的 pH 值恒定，保持在 7.35 ~ 7.45 的范围，呈弱碱性，一般不会受摄入食物的影响而改变。除非在消化道、肾脏、肺等器官发生疾病，严重影响机体代谢或者代谢产物排泄障碍，从而导致身体酸性的升高；或服用了某些药物导致酸中毒，严重影响机体代谢才有可能受到影响。如果成了酸性体质，必须上医院进行治疗或抢救，而不是单靠调节饮食就可以解决的。

从上述酸、碱性食物分类可知，酸性食品大多是鱼、肉、主粮等食品，碱性食品主要是蔬菜、水果类，食物的酸碱性虽然不能改变人体的酸碱性，但可以通过酸碱性食品的合理搭配，达到均衡饮食的目的（食物多样、荤素搭配，尤其应多吃蔬菜和水果）。

第四节　科学食用保健食品

一、什么是保健食品

保健食品是指具有特定保健功能的食品。《保健食品注册管理办法（试行）》规定：保健食品“是指声称具有特定保健功能或者以补充维生素、矿物质为目的的食品。即适宜于特定人群食用,具有调节机体功能,不以治疗疾病为目的,并且对人体不产生任何急性、亚急性或者慢性危害的食品”。

保健食品既可以是普通食品的形态,也可以使用片剂、胶囊等特殊剂型,其本质仍然是食品。在产品的宣传上,也不能出现有效率、成功率等相关的词语。保健食品的保健作用在当今的社会中,也正在逐步被广大群众所接受。

二、保健食品功能范围

保健食品的功能不是万能的,国家药品食品监督局将其分为18项,包括增强免疫力、辅助降血脂、辅助降血糖、改善睡眠、抗氧化、缓解体力疲劳、减肥、增加骨密度、改善营养性贫血、辅助改善记忆、清咽、提高缺氧耐受力、对化学性肝损伤有辅助保护、促进排铅、促进泌乳、缓解视疲劳、有助于改善胃肠功能(含通便、调解肠道菌群、促进消化及对胃黏膜损伤有辅助保护),以及有助于促进面部皮肤健康(含祛痤疮、祛黄褐斑及改善皮肤水分)等。功能超过上述范围的保健食品都是不合法的。2012年6月之前,改善生长发育、对辐射危害有辅助保护、辅助降血压和改善皮肤油分等4项也属于保健食品范围,现因其不宜采用保健食品进行干预、评价方法有局限性、功能定位不准确、科学性不足、指标判断困难等而取消。

三、保健食品与一般食品、营养品、药品的区别

保健食品含有一定量的功效成分,能调节人体的功能,具有特定的功效,适用于特定人群。一般食品不具备特定功能,无特定的人群食用范围。

保健食品不能直接用于治疗疾病，它是人体机制的调节剂、营养补充剂。而药品是直接用于治疗疾病。

保健品不是营养品。人体需要的营养素有很多，如水、蛋白质、脂肪、糖类、维生素、矿物质等，营养品一般都富含这些营养素，人人都适宜。例如，牛奶富含蛋白质、脂肪和钙等物质，它的营养价值很高，人人都适宜喝。而保健食品是具有特定保健功能、只适宜特定人群的食品，它的营养价值并不一定很高。所以，人体需要的各种营养素还是要从一日三餐中获得。

四、合理选择保健食品

在目前这种保健品良莠不齐的现状下，如何购买和食用安全的保健品？

1. 保健食品不是药品

不要相信“疗效”“速效”的字样。保健食品只是特殊的食品，虽然可以调节机体功能，但并不是以治疗疾病为目的的。尤其是一些患者，对于一些保健品虚假宣传中的“功效”非常看重，而且还有一些患者经常将保健食品代替药品来使用，这种做法是不可行的，一定程度上还会延误疾病的治疗时间。尤其是一些食字号的营养品，是不能声称有任何保健作用的。

2. 针对自身状况选择保健食品

如免疫力低下、失眠、贫血，可以选择相应的增强免疫力、改善贫血和改善睡眠类的保健食品；合并有三高症状（高血压、高血脂、高血糖）的患者在服用药物、合理膳食、劳逸结合的同时，可以选用辅助降血压、降血脂和降血糖的保健食品。在选购保健品时，不要盲目随着广告走，而应根据自己的健康状况有目的、有针对性地选择，每种保健食品只能适用于特定人群食用。对上门推销人员一定要提高警惕，不要轻易购买上门推销的产品。

3. 学会理性购买保健食品

人体健康是一个复杂的系统工程，营养素过多和不足都不合理，人体需求的绝大部分营养素能够从膳食中直接摄取。但有些与人体健康有很大关系的营养成分可能难以通过正常的膳食摄取，尤其是食量较小和偏食的老年人，如不补充，可能会导致人体代谢不平衡，因而需要适时补充缺乏的部分。工作压力大时，人体常处于一种紧张状态，容易引起身体内部的失调，也可以适度选用保健品，选用时最好请专业人士指点。服用保健食品一般需要较长时间，才有可能对身体发挥保健作用。

4. 购买保健食品要认准蓝色草帽样标志和批准文号

一定要到正规的经销场所（如大型超市、卖场、连锁药房等）购买。辨别保健食品真假可以登录国家食品药品监督管理局的网站（网址为 www. sfda. gov. cn），在“数据查询”栏目进行相关产品的查询。

从科学的角度讲，平时注意营养合理的平衡膳食、有规律的生活习惯、适时适量的运动、保持开朗的性格才是抵抗疾病的根本保证。

第五节　谷类食物的营养价值

谷类包括大米、小麦、玉米、小米、高粱、荞麦等。谷类是人体能量的主要来源，我国人民膳食中，约 66% 的能量、

58%的蛋白质来自谷类。此外，谷类还供给较多的B族维生素和矿物质，故在我国人民膳食中占有重要地位。

一、谷类的结构

谷类的基本结构大致相似，主要由谷皮、胚乳和胚芽三部分组成。

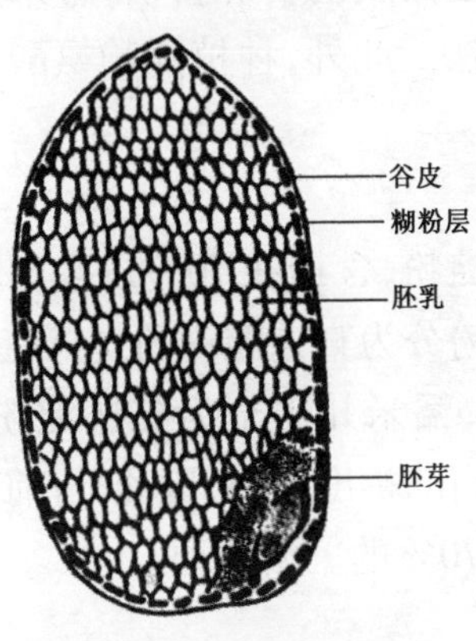

图2-1　稻谷剖面示意图

谷皮占谷粒质量的13%～15%，由纤维素、半纤维素和木质素组成，含有少量的脂肪和矿物质。在谷皮和胚芽之间有一层糊粉层，含有较多的维生素和矿物质。胚乳占谷粒质量的83%～87%，含有大量的淀粉和较多的蛋白质。胚芽占谷粒质量的2%～3%，含有丰富的脂肪、蛋白质、矿物质、B族维生素和维生素E。

二、谷类的营养成分

谷类的营养成分比较全，但因种类和生长条件不同，在营养素组成上还各有特点。

(一) 蛋白质

谷类的蛋白质含量一般在 7.5% ~15% 之间,主要由谷蛋白、白蛋白、醇溶蛋白和球蛋白组成。

一般谷类蛋白质必需氨基酸组成不平衡,普遍的赖氨酸含量少,有些苏、色氨酸也不高。

为提高谷类蛋白质的营养价值,常采用赖氨酸强化和蛋白质互补的方法。此外,种植高赖氨酸玉米等高科技品种也是一好方法。

(二) 糖类

糖类主要为淀粉,含量在 70% 以上,此外为糊精、果糖和葡萄糖等。淀粉分为直链淀粉和支链淀粉。一般直链淀粉为 20% ~25%,糯米几乎全为支链淀粉。研究认为,直链淀粉使血糖升高的幅度较小,因此,目前高科技农业已培育出直链淀粉达 70% 的玉米品种。

(三) 脂肪

脂肪占 1% ~4%。从米糠中可提取米糠油、谷维素和谷固醇。从玉米和小麦胚芽中可提取玉米和小麦胚芽油,80% 为不饱和脂肪酸,其中亚油酸占 60%,有良好的保健功能。

(四) 矿物质

矿物质占 1.5% ~3%。主要是磷、钙,多以植酸盐形式存在,消化吸收差。

(五) 维生素

谷类是 B 族维生素重要来源。如维生素 B_1(硫胺素)、维生素 B_2(核黄素)、烟酸、泛酸和吡哆醇等。玉米和小米含少量胡萝卜素。过度加工的谷物其维生素大量损失。

三、常见谷类的营养价值

（一）大米

根据品种不同，大米分为籼米、粳米和糯米。籼米质较疏松，淀粉中含直链淀粉多，故米饭胀性大、黏性差，较易消化吸收。粳米质较紧密，含支链淀粉多，故米胀性小而黏性强，食味比籼米好，但较籼米难消化。糯米的淀粉全部是支链淀粉，黏性强，较难消化，故一般不宜做主食，特别是胃肠病患者不宜食。糯米宜做各种糕点和其他副食品。

米粒各部分的营养成分分布是不均匀的。除淀粉外，其他营养成分大多储藏在胚芽和外膜中。米粒碾得越精越白，胚芽及外膜碾掉就越多，营养成分损失也越多。

大米蛋白质的氨基酸组成较接近人体的需要，但赖氨酸含量极少，因此以大米为主食的人长高会受影响，需与豆类搭配。

（二）面粉

面粉营养价值的高低，与其加工精度关系十分密切。根据加工精度，面粉分为标准粉、富强粉和精白粉。标准粉加工精度较低，保留了较多的胚芽和外膜，因此各种营养素的含量较高，以面食为主食的地区，宜选用标准粉。富强粉和精白粉加工精度较高，胚芽及外膜保留也最少，所以维生素和矿物质损失也越多，与标准粉比较，营养价值较低。但是富强粉和精白粉色较白，含脂肪少，易保存，做成面包、馒头或糕点时较为可口。富强粉和精白粉中植酸及纤维含量较少，消化吸收率比标准粉高。与大米比较，小麦粉蛋白质组成中赖氨酸含量更低，苏氨酸与异亮氨酸的含量也低。由于面粉可以发酵，能提高人体对矿物质的利用率。

（三）玉米

玉米按粒色粒质分为黄玉米、白玉米、糯玉米和杂玉米。黄玉米含有少量的胡萝卜素，而其他玉米中没有。与大米和小麦粉比较，玉米蛋白质的生物价更低，为60。主要原因是玉米蛋白质不仅缺乏赖氨酸，还缺乏色氨酸。在玉米粉中掺入一定量的食用豆饼粉，可提高玉米蛋白质的营养价值。

玉米中所含的烟酸多为结合型，不能被人体吸收利用。我国新疆等地以玉米为主食的地区，易发生烟酸缺乏症——癞皮病。如果在玉米食品中加入少量小苏打或食碱，能使结合型烟酸分解为游离型，从而被人体吸收利用，对预防癞皮病有明显作用。

玉米加工时，可提取出玉米胚。玉米胚的脂肪含量丰富，出油率达16%～19%。玉米油是优质食用油，人体吸收率在97%以上。它的不饱和脂肪酸含量占85%左右，其中油酸占36.5%，亚油酸占47.8%，亚麻酸占0.5%。经常食用玉米油可降低人体血液中胆固醇的含量，对冠心病、动脉硬化症有辅助疗效。玉米油中还含有丰富的生育酚。生育酚是一种抗氧剂，据研究报道有抗衰老作用。

（四）荞麦

荞麦的营养价值很高。荞麦面的蛋白质含量高于大米、小麦粉和玉米粉；脂肪含量低于玉米面而高于大米和小麦粉。荞麦蛋白质含有较多的赖氨酸，生物价较高，是一种完全蛋白。荞麦还含有维生素E、铬、可溶性纤维，铁、锰、锌也较丰富，含有烟酸、芦丁。铬临床上用于治疗糖尿病。

（五）高粱

高粱的营养成分大致与大米和小麦粉相同，但其蛋白质中的赖氨酸和色氨酸含量较低，生物价仅为56。因此，食用时也宜与大豆等食物混合食用，通过蛋白质的互补作用提高其营养价值。

高粱的食用方法有两种。一种是直接蒸煮做成高粱米饭，这种方法保留了较多的维生素和矿物质，是我国东北地区人们常用的方法。另一种是碾成面粉食用，我国山西北部、内蒙古地区人们常采用此种方法。由于高粱外皮中含有色素及鞣酸，加工过粗时常显红色，并有涩味，既妨碍消化，又容易引起便秘，因此加工时应予注意。

（六）小米

小米的学名称粟，俗称“谷子”。小米的营养素含量均较大米多，尤其是B族维生素、钙、磷、铁等。黄小米中还含有少量的胡萝卜素。小米在人体内的消化吸收率也较高，其蛋白质的消化率为83.4%，脂肪为90.8%，糖类为99.4%。但小米蛋白质中赖氨酸含量更少，生物价只有57，也宜与大豆类食物搭配食用。

第六节 豆类及其制品的营养价值

一、大豆的营养价值

（一）大豆的营养成分

大豆含有35%～40%的蛋白质，是天然食物中含蛋白质最高的食品。其氨基酸组成接近人体需要，且富含谷类蛋白较为缺乏的赖氨酸，是谷类蛋白互补的天然理想食品。大豆蛋白是优质蛋白。

大豆含脂肪15%～20%，其中不饱和脂肪酸占85%，以亚油酸为最多,达50%以上。大豆油含1.6%的磷脂,并含有维生素E。

大豆含糖类25% ~30%,其中一半为可供利用的淀粉、阿拉伯糖、半乳聚糖和蔗糖;另一半为人体不能消化吸收的棉籽糖和水苏糖,可引起腹胀,但有保健作用。大豆含有丰富的钙、硫胺素和核黄素。

(二) 大豆中的抗营养因素

(1) 蛋白酶抑制剂:生豆粉中含有此种因子,对人胰蛋白酶活性有部分抑制作用,对动物生长可产生一定影响。我国食品卫生标准中明确规定,含有豆粉的婴幼儿代乳品,尿酶实验必须是阴性。

(2) 豆腥味:主要是脂肪酶的作用。保持95℃以上加热10 ~15分钟的方法可脱去部分豆腥味。

(3) 胀气因子:主要是大豆低聚糖的作用。是生产浓缩和分离大豆蛋白时的副产品。大豆低聚糖可不经消化直接进入大肠,可为双歧杆菌所利用并有促进双歧杆菌繁殖的作用,可对人体产生有利影响。

(4) 植酸:影响矿物质吸收。

(5) 皂甙和异黄酮:此两类物质有抗氧化、降低血脂和血胆固醇的作用,近年来的研究发现了其更多的保健功能。

(6) 植物红细胞凝集素:为一种蛋白质,可影响动物生长,加热即被破坏。

综上所述,大豆的营养价值很高,但也存在诸多抗营养因素。大豆蛋白的消化率为65%,但经加工制成豆制品后,其消化率明显提高。近年来的多项研究表明,大豆中的多种抗营养因子有良好的保健功能,这使得大豆研究成为

营养领域的研究热点之一。

二、豆制品的营养价值

经过浸泡、细磨、加热等处理的豆制品，所含大部分抗营养因素被破坏，因此消化吸收率明显提高。

豆制品的营养素种类在加工过程中由于酶的作用，释放矿物质吸收率提高。营养素含量增加，但因水分增多，营养素含量相对较少。此外，食用大豆及制品一定要加热煮透。

豆浆脂肪含量低，可避免牛奶中高含量的饱和脂肪酸对老年人及心血管系统疾病患者的不利影响，适于老年人及高脂血症的患者饮用。

豆芽在发芽过程中可进一步合成维生素 C。

豆豉有助消化，防感冒，延缓衰老，消除疲劳，增强脑力，提高肝脏解毒能力的作用。

三、常见豆类

（1）大豆：蛋白质比牛肉多，钙比牛奶高，卵磷脂比鸡蛋高。

（2）绿豆：富含赖氨酸、苏氨酸，少含蛋氨酸、色氨酸、络氨酸，与小米互补。具有退燥热，降血压，对疲劳、肿胀、小便不畅有很好的功效。

（3）红豆：富含维生素 B_1 和维生素 B_2、蛋白质及多种矿物质，补血、利尿消肿、清热解毒、健脾益胃、通气除烦、促进心脏活化，其纤维有助于排除体内盐分、脂肪等废物。李时珍称之为“心之谷”。

（4）蚕豆：含有调节大脑神经组织的成分，如钙、锌、锰等。其中,丰富的胆碱可增强记忆力;维生素 C 可延缓动脉硬化;粗纤维可降低胆固醇、促进胃肠蠕动。

(5) 豌豆:发芽的豌豆含丰富的维生素 E,其性味甘平、健脾和胃、生津止渴、中和下气、利小便、解疮毒。

(6) 黑豆:蛋白质相当于肉类 2 倍、鸡蛋的 3 倍、牛奶的 12 倍,富含 18 种氨基酸,必需氨基酸 8 种,19 种油脂,不饱和脂肪酸占 80%,含有较多的钙、磷、铁等矿物质,多种维生素如维生素 B_1、维生素 B_2、维生素 B_{12}和胡萝卜素等抗衰老食品。

第七节 蔬菜及水果类的营养价值

蔬菜和水果是膳食的重要组成部分,含有丰富的糖类、维生素、矿物质等成分,有增进食欲、促进消化、维持体内酸碱平衡的作用,近年来在防病治病中的特殊功效也引起人们的重视。

一、蔬菜、水果类的营养成分

蔬菜、水果类的营养成分中 85% 是水,糖类占 10% 以上,蛋白质在 1% 以下。

(一) 糖类

蔬菜、水果中所含的糖类包括葡萄糖、淀粉、纤维素和果胶等物质;水果含糖比蔬菜多,所含糖的种类和数量因其种类和品种不同而有较大差异;蔬菜、水果是人们膳食纤维的主要来源。水果中含果胶较多,对果酱、果冻的加工有重要作用。

（二）维生素

新鲜蔬菜、水果是供给维生素C、胡萝卜素、核黄素和叶酸的重要来源;维生素C一般在蔬菜的叶、茎、花中含量丰富;一般深绿色的蔬菜维生素C含量较浅色蔬菜高,叶菜中的含量较瓜菜中高;胡萝卜素在绿色、黄色或红色蔬菜中含量较多。

维生素C含量较高的水果有:酸枣(800 mg/100 g以上)、鲜枣(200 mg/100 g以上)、猕猴桃(200 mg/100 g以上)、黑枣、草莓、山楂、柑橘类;含量在10 mg/100 g以下的水果有:苹果、桃、梨、杏、海棠等。

胡萝卜素含量较高的水果有:芒果、枇杷、黄杏等。

（三）矿物质

蔬菜、水果是膳食中钙、磷、铁、钾、钠、镁、铜等矿物质的主要来源,对维持体内酸碱平衡起重要作用;蔬菜中存在的草酸会影响自身和其他食物中钙与铁的吸收。

（四）芳香物质、有机酸和色素

蔬菜、水果中常含有各种芳香物质和色素,使食品具有特殊的香味和颜色,可赋予蔬菜、水果以良好的感官性状。

（五）有特殊保健功能的化合物

某些蔬菜水果含有特定有保健功能的化合物(如多糖类、多酚及类黄酮等),这些有特殊保健功能的化合物对疾病的预防与辅助治疗有重要作用。番茄红素存在于西红柿、西瓜、樱桃中,对前列腺、肺与胃的肿瘤防治效果显著,对防治胰腺、结肠、乳腺、子宫的癌症也有一定效果。白藜芦醇和逆转醇存在于葡萄中,可选择性地破坏癌细胞,阻止癌症扩散。吲哚-3-甲醇和萝卜硫素在花椰菜等十字花科蔬菜中存在,这两种物质能够减少乳癌、胃癌与结肠癌的发病率。草莓含有较多的鞣花酸,其抗癌作用显著。美国学者发现,苦瓜中含有苦瓜蛋白,可提高免疫力,对淋巴癌有抑制作用。干扰素诱生剂是存在于胡萝卜、萝卜中的抗肿瘤活性物质,对防治口腔癌、食管癌和鼻咽癌有效。β-胡萝卜素存在于胡萝卜中,可降低肺癌发生率。萝卜中含有的木质素有提高吞噬细胞吞噬异物的作用,可增强人体抗癌能力。萝卜中的糖化酵素能分解致癌物质亚硝胺。香菇中存在的香菇多糖,是已被证实了的有效的癌细胞抑制剂。绿茶中含有茶多酚等多酚物质,可阻断新生血管生长,预防致癌物质造成 DNA 损伤,能降低胃癌、肝癌、食管癌的发病率。异黄酮、皂甙和染料木苷这些物质存在于大豆中,能够抑制新生血管形成、阻止癌症发展,对防治乳癌与大肠癌效果良好。美国学者发现,大蒜和洋葱中含有的硒化物能刺激人体免疫反应和环腺苷酸的积累,抑制癌细胞分裂与生长。V 岩藻多糖富含于海带中,实验研究发现其对结肠癌有疗效。龙葵碱存在于茄子中,对胃癌、结肠癌与子宫癌有一定抑制作用。原儿茶酸存在于球形生菜中,对舌癌、肝癌、大肠癌和膀胱癌有抑制作用。β-玉米黄质在橙子、柑橘中含量较高,有抗癌功效。

二、蔬菜营养金字塔

顶层:为甲级蔬菜,富含胡萝卜素、维生素 B_2、维生素 C、钙、纤维等,如小白菜、菠菜、韭菜、芥菜、苋菜、雪里蕻等绿叶蔬菜。

第二层:为乙类蔬菜,成分仅次于甲级蔬菜,通常又分为 3 个联盟。第一联盟是富含维生素 B_2 的新鲜豆类及豆芽等;第二联盟是富含胡萝卜素、维生素的胡萝卜、芹菜、大葱、青蒜、番茄、辣椒、红薯等;第三联盟是富含维生素 C 的大白菜、甘蓝、菜花、瓜类蔬菜。

第三层：为丙类蔬菜，维生素含量少，热量高，如洋芋、山药、芋头、南瓜等。

第四层：为丁类蔬菜，维生素 C 含量少，营养低，如冬瓜、竹笋、茄子、茭白等。

图 2-2　甲级蔬菜

三、常见蔬菜、水果的营养价值

1. 小白菜

小白菜性微寒，味甘，除烦解渴，利尿通便，清热解毒。钙质丰富，含有一种化合物（含量 1%）可以帮助分解与乳腺癌相联系的雌激素，具有护肤养颜功效。

2. 油菜

油菜性凉，味苦，散血消肿（促血循）、清热解毒，含钙、铁、维生素 C、胡萝卜素，能产生一种仅用于眼视紫红质合成的物质，起到明目养眼的作用。

3. 卷心菜(甘蓝)

卷心菜含维生素 C 60 mg/100 g,高出大白菜一倍,卷心菜含叶酸较多(怀孕、体弱、贫血者食疗佳品),果胶、纤维素能阻止肠内吸收胆固醇、胆汁酸,防止动脉硬化、胆结石、肥胖。含有“溃疡愈合因子”,对胃溃疡有较好的愈合作用。提高人体免疫力、防衰老抗氧化,是癌症、糖尿病、肥胖症患者理想的保健食品。

4. 菜花

绿菜花含维生素 C 88 ~ 110 mg/100 g,是白菜的 1 倍,番茄的 4 倍;维生素 A 3 800 国际单位,是白菜的 100 倍,有爽喉、开音、润肺、止咳、抗癌作用,对杀死幽门螺杆菌具有奇效;含类黄酮,是最好的血管清理剂;含维生素 K,增加血管壁的强度,不容易发生破裂,增强肝脏的解毒能力,提高机体免疫力。

5. 菠菜

菠菜是胡萝卜素、铁、维生素 B_6、叶酸及矿物质磷、钾的最佳食源。菠菜含有类似胰岛素样的物质,保持血糖的稳定;含有大量的抗氧化剂,抗衰老、促进细胞增殖,激活大脑功能,增强青春活力,防止大脑老化,保护视力,美容养颜。

6. 西红柿

西红柿性甘、酸、微寒,生津止渴、健胃消食、凉血平肝、清热解毒、降低血压,降低男性患前列腺癌的概率,减低胆固醇的含量,使人精力充沛。

7. 姜

姜健胃温中、活血、散寒、除腥、解毒、发汗。“冬吃萝卜夏吃姜,不劳医生开药方”;“早食姜,晚食醋,百病即可

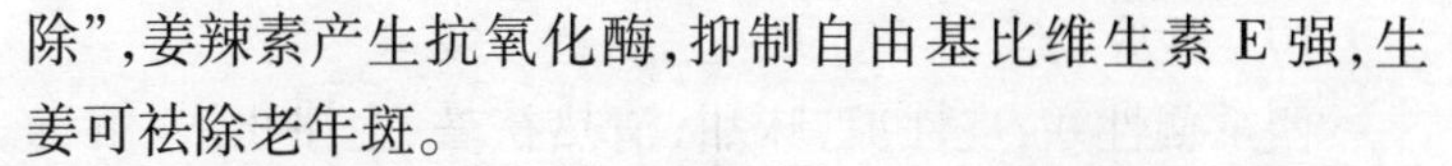

除”,姜辣素产生抗氧化酶,抑制自由基比维生素 E 强,生姜可祛除老年斑。

8. 土豆

土豆和胃健脾,益气强身,活血消肿、消炎,全营养食品,具有胖人减肥,瘦人增肥的双向调节作用。适宜于治疗各种胃病,关节疼痛,便秘,皮肤湿疹。土豆的黏液蛋白保持呼吸道、消化道、关节囊的润滑,预防心血管系统脂肪沉积,预防动脉硬化。呈碱性,可调节酸碱平衡,具有美容抗衰老作用,高钾食品(324 mg/100 g)。

9. 食用菌类

食用菌类具有丰富的膳食纤维、矿物质及抗氧化剂。

(1) 黑木耳:含铁是猪肝的 4 倍多,胶质吸附肠道杂质,胆肾结石等内源性异物有比较显著效果,减少血液凝固,预防血栓。

(2) 银耳:性平味甘、滋阴润燥、益气养胃,抗肿瘤,增强肿瘤患者对化疗的耐受力。含天然性胶质,可润肤、祛脸黄褐斑、雀斑,美容养颜。

(3) 香菇:性平、凉,味甘,化痰理气,补肝健脾,益智安神,美容养颜。麦角甾醇转化维生素 D,香菇多糖刺激人体产生干扰素,抵抗病毒侵袭。可抑制肿瘤细胞,使腹部脂肪减少。

(4) 金针菇:高钾低钠,赖氨酸锌含量较高,促进智力发育健脑,抗疲劳、抗菌消炎,清除重金属,抗肿瘤。增强机体生物活性,促进生长发育。

平菇: 平菇含有抗肿瘤细胞的多醣体,提高人体免疫力,侧耳毒素和蘑菇核糖核酸具有抗病毒作用,对女性更年期综合征具有调理作用。

10. 西瓜

西瓜瓤性寒,皮性凉,味甜,清热祛暑、生津止渴、解毒润肺、和中利尿、除烦宽胸、止血化痰。治疗肾炎,降血压,汁和瓜皮可维持皮肤的弹性,有祛皱作用。

11. 苹果

苹果性平、味甘酸、生津止渴、润肺除烦,健脾益胃,养心益气、润肠止泻、解暑醒酒。含丰富的钾、有机酸,防止心血管病、预防胆结石症,其胶质保持血糖的稳定,含锌较高,可增加记忆,有"记忆果"之称,促进生长发育。具有杀灭传染性病毒作用,预防感冒。还是瘦身必备果品。

12. 梨

梨性凉、味甘、微酸,生津润燥,止咳化痰。养阴清热,降血压,增加血管的弹性。含有配糖体及鞣酸,祛咳止痰(针对肺结核、咳嗽),熟梨有利肾脏排出尿酸(针对痛风、风湿病、关节炎)。煮梨还可增加口中的津液,硼可改善女性骨质疏松,记忆力、注意力、心智敏锐度也可增加。

13. 桃子

桃子俗称"天下第一果""寿桃",含铁量是苹果和梨的4~6倍,补血。高钾食品,桃仁抗肝纤维化、利胆,促进肝微循环内红细胞流速增加,促进胆汁分泌。性温,味甘、酸,补益气血,养阴生津,润肠消积的作用。可用于大病愈后的气血亏虚,面黄肌瘦、心悸气短。

第八节 禽肉及鱼类的营养价值

一、畜肉类的营养成分

1. 蛋白质

畜肉类蛋白质含量为10%~20%,其中肌浆中蛋白质占20%~30%,肌原纤维中占40%~60%,间质蛋白占10%~20%。畜肉蛋白必需氨基酸充足,在种类和比例上接近人体需要,利于消化吸收,是优质蛋白质。但间质蛋白必需氨基酸构成不平衡,主要是胶原蛋白和弹性蛋白,其中色氨酸、酪氨酸、蛋氨酸含量少,蛋白质利用率低。畜肉中含有能溶于水的含氮浸出物,使肉汤具有鲜味。

2. 脂肪

一般畜肉的脂肪含量为10%~36%,肥肉高达90%,其在动物体内的分布,随肥瘦程度、部位有很大差异。畜肉类脂肪以饱和脂肪为主,熔点较高。主要成分为三酰甘油,少量卵磷脂、胆固醇和游离脂肪酸。胆固醇在肥肉中为109 mg/100 g,在瘦肉中为81 mg/100 g,内脏约为200 mg/g,脑中最高,约为2 571 mg/100 g。

3. 糖类

糖类主要以糖原形式存在于肝脏和肌肉中。

4. 矿物质

矿物质含量为0.8~1.2 mg/100 g,其中钙含量7.9 mg/g,含铁、磷较高,铁以血红素形式存在,不受食物其他因素影响,生物利用率高,是膳食铁的良好来源。

5. 维生素

畜肉中B族维生素含量丰富,内脏如肝脏中富含维生素A、核黄素。

(1) 猪肉:胆固醇含量107 mg/g。维生素B_1、维生素B_2、烟酸、铁、锌、钙含量较高。猪肉与香菇、海带、魔芋同炖时,由于可溶性的膳食纤维对脂类的吸附作用,可降低脂肪和胆固醇的吸收量。

(2) 牛肉:饱和脂肪酸含量高。老年人和心脑血管病患者应少吃肥牛肉。牛肉含多种维生素B,其中维生素B_2、烟酸、叶酸、铁含量较高,易被人体吸收。

(3) 羊肉:短链饱和脂肪酸较多,饱和程度高,常温下固态,热食。维生素B、锌、铁含量较高,易被人体吸收。

二、禽肉的营养价值

禽肉的营养价值与畜肉相似,不同在于脂肪含量较少,含有20%的亚油酸,易于消化吸收。

蛋白质含量约为20%,氨基酸组成接近人体需要;质地细嫩,味道比畜肉鲜美。

鸡肉的营养价值:低脂肪高蛋白,胆固醇含量117 mg/100 g,维生素B_2含量比牛、羊肉低,维生素B_1不及猪肉,富含烟酸,铁、锌等微量元素。

鸡汤溶解可溶营养,还有大量不溶部分存在鸡肉中,不可食汤弃肉。

三、鱼、虾类的营养价值

1. 蛋白质

鱼、虾类肌肉蛋白含量一般为15% ~25%,肌纤维细

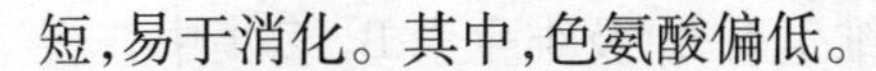

短,易于消化。其中,色氨酸偏低。

2. 脂肪

鱼、虾类脂肪含量很少,一般为1% ~3%,主要分布在皮下和内脏周围。含 EPA、DHA,具有降血脂、防止动脉硬化作用。鱼子胆固醇含量为354 ~934 mg/100 g。

3. 矿物质

矿物质占 1% ~2%,其中钙含量较高,如虾皮为991 mg/g。此外,磷、钠、氯、钾、镁含量丰富。

4. 维生素

鱼、虾是维生素 B_2 的良好来源,海鱼的肝脏中还含丰富的维生素 A 和维生素 D。

第九节 蛋类、奶类及其制品的营养价值

一、蛋类的营养价值

1. 蛋白质

蛋类蛋白质含量约为12.8%,蛋清中蛋白质由卵白蛋白等组成,蛋黄中蛋白质主要是卵黄蛋白。鸡蛋蛋白是最理想的优质蛋白质。

2. 糖类

蛋类含糖较少。

3. 脂肪

脂肪主要集中在蛋黄内,大部分为中性脂肪,还有一定量的卵磷脂和胆固醇,胆固醇含量较高,达1 705 mg/100 g。

4. 其他

蛋黄比蛋清含有较多的营养成分,钙、铁、磷等矿物质

和维生素 A、维生素 D、维生素 B_1 及维生素 B_2 多集中在蛋黄内。鸡粪中含有沙门杆菌,可进入鸡蛋内,且生鸡蛋中含有抗胰蛋白酶,故不可生吃。

二、奶类的营养价值

(一) 奶制品的营养含量

1. 蛋白质

奶制品蛋白质平均含量为 3.5%(比人乳高 3 倍,喂养婴儿时必须稀释 3 倍,以防消化不良),主要由酪蛋白、乳清蛋白、乳球蛋白、清蛋白、免疫球蛋白组成,消化吸收率为 87% ~96.1%,属优质蛋白,生物学价值为 89.9(人乳为 91.6)。

2. 脂肪

脂肪含量为 3.4% ~3.8%,可吸收率达 97%。油酸占 30%,亚油酸占 5.3%,亚麻油酸占 2.1%,还含有少量的卵磷脂、胆固醇(7 ~17 mg/100 g)。

3. 糖类

奶制品中的糖类主要为乳糖,含量比人乳少,能帮助消化、促进钙吸收和助长肠道乳酸杆菌繁殖,抑制肠道腐败菌的生长,改变肠道菌群。若长期不喝奶,乳糖酶减少,喝后出现腹泻、腹痛等症状称乳糖不耐受症。

4. 矿物质

奶制品富含钙、磷、钾,但铁含量较低,喂养婴儿时应补充高铁食品,如果汁、菜泥。

5. 维生素

奶制品含有人体所需的各种维生素。

（二）奶制品的营养价值

（1）市售袋奶（巴氏杀菌乳）：除维生素 B_1、维生素 C 有损失外，其营养价值与新鲜牛奶差别不大。

（2）奶粉：加工后全脂奶粉蛋白质的性质，奶的色、香、味及其他营养成分变化不大；脱脂奶粉中脂溶性维生素损失较多；调制奶粉（配方奶粉）营养更全面。

（3）酸奶：营养丰富且易消化吸收，还可刺激胃酸分泌；乳酸杆菌和双歧杆菌亦有益健康，适于肝脏、胃病患者，婴幼儿，身体虚弱者，乳糖酶活性低的成年人。

（4）炼乳：甜炼乳的糖分过高，淡炼乳维生素 B_1 有损失。

（5）复合奶：营养价值与鲜奶相似。

（6）奶油：脂肪含量高，为 80% ~83%，含水量低。

（7）牛奶：含多种免疫球蛋白，如抗沙门氏菌抗体、抗脊髓灰质炎抗体等，可增强人的免疫力。

（三）奶制品的合理食用

（1）为了防止感染疾病，有利消化吸收，需加热食用，但不宜久煮，加热至沸腾即可。

（2）空腹喝牛奶不经济，蛋白质会被当作糖类变成热能消耗掉。

（3）先吃一点馒头、稀饭等食物再喝为好。

膳食平衡——吃喝之中求健康

第一节　如何做到膳食平衡

不管是精粮还是粗粮，荤食或素食，酸性或碱性食品，“三高”或“三低”食品，都有其各自的营养价值，但只有做到膳食平衡才对健康有益。膳食平衡是营养领域的精华，做好了膳食平衡，身体自然没有问题。

一、平衡膳食

平衡膳食是指膳食中所含的营养素种类齐全、数量充足、比例适宜，即热量来源平衡、氨基酸平衡、酸碱性食物平衡，以及摄取的各种营养素之间的平衡，只有这样才有利于营养素的吸收和利用。

平衡膳食理论归纳为 10 条内容，简述如下。

（1）主食与副食的平衡。主食与副食两者缺一不可。

（2）酸性食物与碱性食物的平衡。凡食物中硫、磷、氯等成酸性元素含量较高，在体内经过代谢后，最终产生的物质呈酸性,这类食物在生理上就称为成酸性食物。常见的成酸性食物包括肉类、禽蛋类、鱼虾类、米、面及其制品。凡食物中钙、钾、钠、镁等成碱性元素含量较高,在人体内最终产生的物质呈碱性,这类食物称为成碱性食物,包括蔬菜、水果,豆类及其制品,牛奶,硬果中的杏仁、栗子、椰子等也属于成碱性食物。成酸性食物和成碱性食物两者不可偏颇,必须平衡,方可益补得当。

(3) 荤与素的平衡。荤是指动物性食物,素是指各种蔬菜瓜果和豆制品,两者科学搭配,既可让人享受口福,又不会因吃肉食过多而增加血液和心脏负担。

(4) 饥与饱的平衡。饥不可大饥,饱不可大饱,过饥则伤肠,过饱则伤胃。

(5) 杂与精的平衡。杂指各种豆类、小米、玉米、高粱米等,精指精米、精面。现在人们越吃越精,要提倡多吃五谷杂粮,每天最好吃上25~30种食物。

(6) 寒与热的平衡。食物有寒性、热性、温性、凉性四性之分。中医所谓"热者寒之,寒者热之",就是把寒性食物和热性食物搭配得当,维持平衡。

(7) 干与稀的平衡。每餐应该有干食和稀食。

(8) 摄入与排出的平衡。摄入与排出平衡是指吃进去的食物提供的热量要与活动消耗的热量大体相等,以保证体内各器官有条不紊的工作,发挥最佳的功能。

(9) 动与静的平衡。动与静的平衡是指食前忌动、食后忌静,不要吃饱就睡。

(10) 情绪与食欲的平衡。情绪决定食欲,要学会调节控制食欲,保持良好的饮食习惯,促进身心健康。

在这10条中,第4、9、10条是关于饮食行为的;其余7

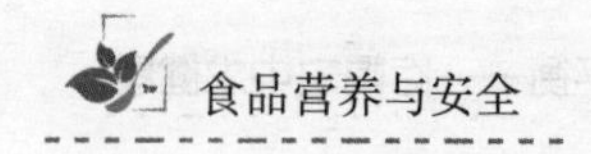

条是关于膳食结构和食物搭配的。

二、平衡膳食宝塔与应用

(一) 中国居民平衡膳食宝塔

中国居民平衡膳食宝塔(以下简称膳食宝塔)是《中国居民膳食指南》的核心内容,结合中国居民膳食的实际状况,把平衡膳食的原则转化成各类食物的重量,便于人们在日常生活中实行。膳食宝塔提出了一个在营养上比较理想的膳食模式,同时注意了运动的重要性。

图 3-1　中国居民平衡膳食宝塔

(二) 中国居民平衡膳食宝塔释义

1. 膳食宝塔结构

膳食宝塔共分五层,包含我们每天应吃的主要食物种类。膳食宝塔各层位置和面积不同,这在一定程度上反映出各类食物在膳食中的地位和应占的比重。谷类食物位居底层,每人每天应该吃 250 ~ 400 g;蔬菜和水果居第二层,每天应吃 300～500 g 和 200～400 g；鱼、禽、肉、蛋等动物性食物位于第三层，每天应吃 125～225 g（鱼、虾类 50～100 g，畜、禽肉 50～75 g，蛋类 25～50 g）；奶类和豆类食物位居第四层，每天应吃相当于鲜奶 300 g 的奶类及奶制品和相当于干豆 30～50 g 的大豆及制品；第五层塔顶是烹调油和食盐，每天烹调油控制在 25～30 g，食盐不超过 6g。膳食宝塔没有建议食糖的摄入量，因为我国居民现在平均吃糖的量还不多，对健康的影响还不大。但多吃糖有增加龋齿的危险，尤其是儿童、青少年不应吃太多的糖和含糖高的食品及饮料。饮酒的问题《中国居民膳食指南》中已有说明。

膳食宝塔图中水和身体活动的形象，强调足量饮水和增加身体活动的重要性。水是膳食的重要组成部分，是一切生命必需的物质，其需要量主要受年龄、环境温度、身体活动等因素的影响。在温和气候条件下生活的轻体力活动的成年人每日至少饮水 1 200 ml（约 6 杯）。在高温或重体力劳动的条件下，应适当增加。饮水不足或过多都会对人体健康带来危害。饮水应少量多次，要主动喝，不要感到口渴时再喝水。目前，我国大多数成年人身体活动不足或缺乏体育锻炼，应改变久坐少动的不良生活方式，养成天天运动的习惯，坚持每日多做一些消耗体力的活动。建议成年人每日进行累计相当于步行 6 000步以上的身体活动，如果身体条件允许，最好进行 30 分钟中等强度的运动。

2. 膳食宝塔建议的食物量

各类食物摄入量都是指食物可食部分的生重。各类食物的重量不是指某一种具体食物的重量。而是一类食物的总量,因此在选择具体食物时,实际重量可以在互换表中查询。如建议每日 300 g 蔬菜,可以选择 100 g 油菜、50 g 胡萝卜和 150 g 圆白菜,也可以选择 150 g 韭菜和 150 g 黄瓜。

(1) 谷类、薯类及杂豆谷类:包括小麦面粉、大米、玉米、高粱等及其制品,如米饭、馒头、烙饼、玉米面饼、面包、饼干、麦片等,薯类包括红薯、马铃薯等,可替代部分粮食。杂豆包括大豆以外的其他干豆类,如红豆、绿豆、芸豆等。谷类、薯类及杂豆是膳食中能量的主要来源。建议量是以原料的生重计算,如面包、切面、馒头应折合成相当的面粉量来计算,而米饭、大米粥等应折合成相当的大米量来计算。

谷类、薯类及杂豆食物的选择应重视多样化,粗细搭配,适量选择一些全谷类制品、其他谷类、杂豆及薯类,每 100 克玉米掺和全麦粉所含的膳食纤维比精面粉分别多 10 g和 6 g,因此建议每次摄入 50 ~ 100 g 粗粮或全谷类制品,每周 5 ~ 7 次。

(2) 蔬菜:包括嫩茎、叶、花菜类、根菜类、鲜豆类、茄果、瓜菜类、蒜类及菌藻类。深色蔬菜是指深绿色、深黄色、紫色、红色等颜色深的蔬菜。一般含维生素和植物化学物质比较丰富。因此在每日建议的 300 ~ 500 g 新鲜蔬菜中,深色蔬菜最好占一半以上。

(3) 水果:建议每日吃新鲜水果 200 ~ 400 g。在鲜果供应不足时可选择一些含糖量低的纯果汁或干果制品。蔬菜和水果各有优势,不能完全相互替代。

(4) 肉类:包括猪肉、牛肉、羊肉、禽肉及动物内脏类,建议每日摄入 50 ~ 75 g。目前,我国居民的肉类摄入以猪肉为主,但猪肉含脂肪较高,应尽量选择瘦畜肉或禽肉。动物内脏有一定的营养价值，但因胆固醇含量较高，不宜过多食用。

（5）水产品类：包括鱼类、甲壳类和软体类动物性食物。其特点是脂肪含量低，蛋白质丰富且易于消化，是优质蛋白质的良好来源。建议每日摄入量为50～100 g，有条件可以多吃一些。

（6）蛋类：包括鸡蛋、鸭蛋、鹅蛋、鹌鹑蛋、鸽蛋及其加工制成的咸蛋、松花蛋等，蛋类的营养价值较高，建议每日摄入量为25～50 g，相当于半个至1个鸡蛋。

（7）乳类：有牛奶、羊奶和马奶等，常见的为牛奶。乳制品包括奶粉、酸奶、奶酪等，不包括奶油、黄油。建议量相当于液态奶300 g、酸奶360 g、奶粉45 g，有条件可以多吃一些。婴幼儿要尽可能选用符合国家标准的配方奶制品。对于饮奶多者、中老年人、超重者和肥胖者建议选择脱脂或低脂奶。乳糖不耐受的人群可以食用酸奶或低乳糖奶及奶制品。

（8）大豆及坚果类：大豆包括黄豆、黑豆、青豆，其常见的制品包括豆腐、豆浆、豆腐干及千张等。推荐每日摄入30～50 g大豆，以提供蛋白质的量计算，40 g干豆相当于80 g豆腐干，120 g北豆腐，240 g南豆腐，650 g豆浆。坚果包括花生、瓜子、核桃、杏仁、榛子等，由于坚果的蛋白质与大豆相互补充，有条件的居民可吃5～10 g坚果替代相应量的大豆。

（9）烹调油：包括各种烹调用的动物油和植物油，植物油包括花生油、豆油、菜籽油、芝麻油、调和油等，动物油包括猪油、牛油、黄油等。每日烹调油的建议摄入量为25～30 g，尽量少食用动物油。烹调油也应多样化。应经常更换种类,食用多种植物油。

(10) 食盐:健康成年人一天食盐包括酱油和其他食物中的食盐,建议摄入量不超过6 g。一般20 ml酱油中含3 g食盐,10 g黄酱中含盐1.5 g,如果菜肴需要用酱油和酱类,应按比例减少食盐用量。

(三) 中国居民平衡膳食宝塔的应用

1. 确定适合自己的能量水平

膳食宝塔中建议的每人每日各类食物适宜摄入量范围适用于一般健康成人,在实际应用时要根据个人年龄、性别、身高、体重、劳动强度、季节等情况适当调整。年轻人、身体活动强度大的人需要的能量高,应适当多吃些主食;年老、活动少的人需要的能量少,可少吃些主食。能量是决定食物摄入量的首要因素,一般说人们的进食量可自动调节,当一个人的食欲得到满足时,对能量的需要也就会得到满足。但由于人们膳食中脂肪摄入的增加和日常身体活动减少,许多人目前的能量摄入超过了自身的实际需要。对于正常成人,体重是判定能量平衡的最好指标,每个人应根据自身的体重及变化适当调整食物的摄入,主要应调整的是含能量较多的食物。

2. 根据自己的能量水平确定食物需要

膳食宝塔建议的每人每日各类食物适宜摄入量范围适用于一般健康成年人,按照7个能量水平分别建议了10类食物的摄入量,应用时要根据自身的能量需要进行选择(表3-1)。建议量均为食物可食部分的生重量。

膳食宝塔建议的各类食物摄入量是一个平均值。每日膳食中应尽量包含膳食宝塔中的各类食物。但无须每日都严格照着膳食宝塔建议的各类食物的量吃。例如,烧鱼比较麻烦,就不一定每天都吃 50 ~ 100 g 鱼,可以改成每周吃 2 ~ 3 次鱼、每次150 ~ 200 g 较为切实可行。实际上平日喜欢吃鱼的多吃些鱼、愿吃鸡的多吃些鸡都无妨碍,重要的是一定要经常遵循膳食宝塔各层中各类食物的大体比例。在一段时间内,比如一周,各类食物摄入量的平均值应当符合膳食宝塔的建议量。

表 3-1 按照 7 个不同能量水平建议的每日食物摄入量(g/d)

能量水平	6 700 千焦(1 600 千卡)	7 500 千焦(1 800 千卡)	8 350 千焦(2 000 千卡)	9 200 千焦(2 200 千卡)	10 050 千焦(2 400 千卡)	10 900 千焦(2 600 千卡)	11 700 千焦(2 800 千卡)
谷类	225	250	300	300	350	400	400
大豆类	30	30	40	40	40	50	50
蔬菜	300	300	350	400	450	500	500
水果	200	200	300	300	400	400	400
肉类	50	50	50	75	75	75	75
乳类	300	300	300	300	300	300	300
蛋类	25	25	25	50	50	50	50
水产类	50	50	75	75	75	100	100
烹调油	20	25	25	25	30	30	30
食盐	6	6	6	6	6	6	6

3. 食物同类互换,调配丰富多彩的膳食

人们吃多种多样的食物不仅是为了获得均衡的营养,也是为了使饮食更加丰富多彩,以满足人们的口味享受。假如人们每天都吃同样的 50 g 肉、40 g 豆,难免久食生厌,那么合理营养也就无从谈起了。膳食宝塔包含的每一类食物中都有许多品种,虽然每种食物都与另一种不完全相同,但同一类中各种食物所含营养成分往往大体上近似,在膳食中可以互相替换。

应用膳食宝塔可把营养与美味结合起来,按照同类互换、多种多样的原则调配一日三餐。同类互换就是以粮换粮、以豆换豆、以肉换肉。例如,大米可与面粉或杂粮互换,馒头可与相应量的面条、烙饼、面包等互换;大豆可与相当量的豆制品互换;瘦猪肉可与等量的鸡、鸭、牛、羊、兔肉互换;鱼可与虾、蟹等水产品互换;牛奶可与羊奶、酸奶、奶粉或奶酪等互换。

多种多样就是选用品种、形态、颜色、口感多样的食物和变换烹调方法。例如,每日吃 40 g 豆类及豆制品,掌握了同类互换多种多样的原则就可以变换出多种吃法,可以全量互换。即全换成相当量的豆浆或豆干,今天喝豆浆、明天吃豆干;也可以分量互换,如1/3 换豆浆、1/3 换腐竹、1/3 换豆腐。早餐喝豆浆,中餐吃凉拌腐竹,晚餐再喝酸辣豆腐汤。

4. 要因地制宜充分利用当地资源

我国幅员辽阔,各地的饮食习惯及物产不尽相同,只有因地制宜充分利用当地资源才能有效地应用膳食宝塔。例如,牧区奶类资源丰富,可适当提高奶类摄入量;渔区可适当提高鱼及其他水产品摄入量;农村山区则可利用山羊奶及花生、瓜子、核桃、榛子等资源。在某些情况下,由于地域、经济或物产所限无法采用同类互换时,也可以暂用豆类代替乳类、肉类;或用蛋类代替鱼、肉;不得已时也可用花生、瓜子、榛子、核桃等坚果代替大豆或肉、鱼、奶等动物性食物。

5. 要养成习惯,长期坚持

膳食对健康的影响是长期的过程,应根据“膳食宝塔”

的指导，自幼养成习惯，并坚持不懈，才能充分体现平衡膳食对健康的重大促进作用。

三、食谱编制

食谱是将能达到合理营养的食物科学地安排至每日各餐中的膳食计划。即按照《中国居民膳食营养素参考摄入量》的标准，合理安排每日膳食，以每日膳食计划的“日食谱”为基础，进而设计并编制出“周食谱”“半月食谱”“月食谱”，有目的、有计划地安排和调节每餐食物的膳食。

（一）食谱编制的原则

编制食谱总的原则是满足平衡膳食及合理营养的要求，并同时满足膳食多样化的原则和尽可能符合进餐者的饮食习惯和经济能力。

（二）食谱编制的方法

食谱编制的方法常用的有 3 种，如食物代量搭配法（又称计算法）、食品交换份法以及电脑软件计算法（营养软件）等。作为普通读者，前 2 种方法有些专业，不太容易掌握，而电脑软件法则相对简单，只要把一些基本数据输入，就可出现一周食谱。

其实，编制食谱没有那么麻烦，你只要到市场把当季能买到的食品全部记录下来，按照谷类、大豆类、蔬菜类、水果类、肉类、乳类、蛋类、水产类以及调味料进行分类，再按表 3-1 建议的不同能量水平每日食物摄入量，根据自己的经济能力与食物偏好对每餐、每日食物进行调剂，一周食谱很快就能制定好。

第二节 “三高”人群的饮食预防与调节

一、“三高”的概念

“三高”是指高血压、高血脂、高血糖。

（一）高血压

头痛、呕吐是高血压的症状之一。血压增高的时候头部血管压力增大，刺激神经和呕吐中枢，引起上述症状。降压有助于缓解症状，减肥对降压有一定的帮助。

（二）高血脂

高血脂也叫高脂血症。高脂血症是由各种原因导致的血浆中的胆固醇、三酰甘油及低密度脂蛋白水平升高和高密度脂蛋白过低的一种全身代谢异常的疾病。人的血里面有一些脂肪，这些脂肪主要是胆固醇、三酰甘油这两种，另外还有一种叫类脂，这里类脂包括磷脂、糖脂，还有固醇类，这些总称为血脂。

（三）高血糖

当血糖高于正常时称为高血糖症。如果这种状况持久存在，对人体的各部分均有害，患者会感到全身不适，常有疲倦、口渴、大量饮水、大量排尿等表现。如情况严重，应尽快就医。

二、“三高”的危害

（一）高血压的危害

高血压可以引起脑血管爆裂、心绞痛、脑血栓、高尿酸、肾脏受损、勃起障碍(ED)等。中国高血压的发病率达14%,高血压引起的中风等心脑血管疾病成为我国城镇居民死亡的首因。

(二) 高血脂的危害

高血脂是“第一杀手元凶”,可引起肥胖,高血压病,痛风,肝胆、胰腺疾病,动脉硬化等。

(三) 高血糖的危害

高血糖常伴有高血压、高血脂,并会有“三多一少”的糖尿病症状,抵抗力减弱,最后导致多种并发症。

三、“三高”的饮食预防与调节

大多数青年白领生活节奏快,夜生活丰富,晚上睡得迟,早上起得晚,许多人为了省时间不吃早饭,另一部分人可能随便吃点东西就匆匆上班。午餐由于中午时间有限,为了方便和节省时间,经常以快餐为主,相当一部分人选择了洋快餐。而晚餐应酬多,经常参加宴会、酒席,喝酒多。

合理饮食预防“三高”应首先从一日三餐做起。

(一) 早餐

人体一个上午的活动所消耗的能量及营养素都是由早餐提供的。不吃早餐,到了上午9~10点钟就会出现低血糖,大脑能量供给不足,容易疲倦乏力、记忆力下降、注意力不集中、思维迟钝,严重影响工作效率。不吃早餐,到了中午就会感到特别饥饿,必然要多吃,这样会因热能摄入过多而导致肥胖。久而久之,血脂、血糖都会出现代谢紊乱,严重时还会导致糖尿病的发生。不吃早餐而患糖尿病的危险比按时吃早餐的人要高出4倍以上。另外,经常不吃早饭,还会引起胃肠道疾病。

建议:早饭不但要吃,而且还要注意吃得合理。应该在吃主食的同时吃一些牛奶、鸡蛋、豆制品等,补充适量的蛋白质和脂肪,还可以延长胃的排空时间,不容易饥饿。有条件的还应该在早餐时吃一点凉拌的蔬菜和水果,增加维生素和膳食纤维的摄入,同时有利于达到食物的酸碱平衡。

(二) 午餐

午餐常吃快餐,尤其是洋快餐营养不均衡,一般都是高蛋白、高脂肪、低维生素、低膳食纤维型,有些甚至还有安全方面的隐患。长期食用会导致高血脂、高血压、肥胖,以及心脑血管疾病。

建议:选择中式快餐作为午餐,尤其是荤素搭配的套餐。中式快餐增加了蔬菜的数量,并且很多都配有豆制品,营养上比较平衡。但是要注意有些快餐像炒面、炒河粉等也存在脂肪高、热量高、蛋白质低、蔬菜少的缺点,也不宜经常选用。同时建议午休起来喝杯水或茶,降低血液黏稠。

(三) 晚餐

当前,我们的筵席都存在“三高一低”(即高热量、高蛋白、高脂肪、低膳食纤维)的现象,筵席上每种尝一遍,蛋白质、脂肪摄入就会大大超标。而且这些食品盐和味精的量要比我们日常饮食高出很多倍,长期吃过咸的食品会使患心血管、高血压疾病的概率比正常人高出4~5倍以上。晚餐后,活动量一般要低于白天,但是血液中胰岛素含量为一天中的高峰,胰岛素可使血糖转化成脂肪被凝结在血管壁和腹壁上,晚餐吃得太丰盛,久而久之可导致肥胖。肥胖后脂肪细胞膜上胰岛素受体数目减少、对胰岛素的亲和力下降,出现胰岛素抵抗,导致血糖水平升高并可能诱发Ⅱ型糖尿病。

建议:点菜时要进行合理营养搭配,减少畜禽类食物,可以点一些豆制品,尤其不能忽视蔬菜类食物。烹调方式可以选择清蒸、清炖、凉拌等。进餐时要自主控制荤菜类的摄入,一般每人每餐瘦肉类荤菜摄入在75~150 g即可满足营养平衡的需求,要给胃留有余地。吃一些主食,这样可以减少高蛋白、高脂肪食物的摄入。饮酒要适量,尽量选择低度白酒、干红或者啤酒,千万不可贪杯。日常注意多喝水,多喝茶,现已知茶叶中含有350多种化学物质,如鞣酸、维生素A、维生素C、维生素B等。饮茶可补充人体必需的一些微量元素,对人体某些疾病也有防治作用。经研究表明,绿、红茶可降低人体血液黏稠度,防止血栓形成,减少毛细管的通透性和脆性,以及降低血清胆固醇和增加高密度脂蛋白,有预防心血管疾病的作用,并有抗衰老和增加免疫力的功效。多喝茶水可使人兴奋,有强心、利尿、收敛、杀菌、消炎等作用,长期喝茶水,能消除疲劳、增强记忆力等。

第三节 肿瘤的饮食预防

随着物质生活水平的普遍提高以及食物选择的日益丰富,人们不再为食不果腹而烦扰,反而因饮食不合理而惹上了病。如乳腺癌、肠癌、肺癌、食管癌等肿瘤的发病均与饮食密切相关,而合理安排饮食也能有效预防肿瘤。

无论是营养不足,还是营养过剩,都是肿瘤的诱因。过去人们认为“营养不良”就是营养不足,而当今其新概念包括营养不足与营养过剩两个方面。营养不良与肿瘤的关系包括两层意义:① 营养不良的人群更容易发生肿瘤,简单地说就是过分消瘦(营养不足)、过度肥胖(营养过剩)的人群均容易发生肿瘤,其机制涉及免疫失衡、代谢紊乱等多个方面;② 肿瘤患者更容易发生营养不良,肿瘤导致的营养不良表现为营养不足,即消瘦,体重下降。

改变营养不良状态,通过合理营养,调整饮食习惯可以预防50%~80%的肿瘤。营养饮食预防肿瘤的原则如下。

一、食物和热量限制

有研究发现在啮齿类动物中限制食物摄入或仅减少淀粉摄入而限制热量可减少自然发生或诱导产生的肿瘤,此项研究已被多人证实。在另一项独立的研究中,发现限制热量摄入能降低小鼠乳腺导管的增生。然而,以上研究是针对啮齿动物的,关于热量限制对人类肿瘤影响的研究尚待开展。但从动物实验中可以看到此种肿瘤预防的可能性。

二、食用新鲜的水果与蔬菜

新鲜的水果与蔬菜含有大量的防癌物质,如青花菜、花菜、卷心菜等十字花科蔬菜中发现的有效化学防癌物——二硫酮。合成二硫代硫酮已经在一些实验动物中表现出对肺、结肠、乳腺和膀胱肿瘤的扩散起抑制作用。青花菜中分离出的萝卜硫素是一种异硫氰酸盐,它能阻止以化学方式诱发的老鼠乳腺肿瘤。新鲜水果、蔬菜中普遍含有的纤维素能减少致癌物与肠壁的接触时间而减少结肠癌的发生,而其所含的维生素A、维生素C、维生素E及吲哚等物质对肿瘤预防也有积极意义。少食或不食新鲜水果与蔬菜的人其胃癌发生率将提高5~6倍。虽然多种防癌物质不断地被发现,但人们更倾向于认为水果与蔬菜的防癌机制是其各种成分共同作用的结果。值得一提的是,对于腌渍的蔬菜和不新鲜的蔬菜因亚硝酸盐含量成倍增加而成为致癌的危险因子。

三、大豆的妙处

大豆为人们提供优质的植物蛋白,同时含有多种抗肿瘤作用的成分:六磷酸肌醇能抑制诱导产生大鼠和小鼠的结肠癌。β-谷甾醇能降低 N-甲基-N-亚硝基脲诱发结肠癌。大豆中的蛋白酶抑制因子如大豆胰蛋白酶抑制因子、皂素、染料木黄酮能降低结肠癌、乳腺癌和前列腺癌患者的病死率。Bowman-Birk 抑制因子(BBI)是一种对肿瘤发生具有极大抑制作用的物质。BBI 能完全抑制结肠癌的发生,可抑制 71% 的肝脏肿瘤、86% 的口腔上皮癌与 48% 的肺癌发生。然而,事物总是具有其两面性。大豆中的蛋白酶抑制因子虽有预防肿瘤的作用,同时也会产生一定的不良作用:① 对年幼动物的生长和体重增加有抑制作用;② 蛋白酶抑制因子可引起小鼠胰腺的增生、肥大,但似乎并不增加胰腺癌的发生,对于某些种属甚至可以减少胰腺癌的发生率。但也有人认为该作用是大豆所含的脂肪所引起的,与大豆的蛋白酶抑制因子无关。

四、补充抗氧化剂

DNA 的氧化损伤是肿瘤发生原因之一。从食物中得到的抗氧化剂尚不足以减少 DNA 的氧化损伤。所以,补充维生素 A、维生素 C、维生素 E、β-胡萝卜素和硒等抗氧化剂可消除自由基,减轻氧化损伤,从而减少多种肿瘤的发生。

在一项长达5~8年的癌症预防研究中，科学家们发现每日补充α-生育酚50mg能使男性烟民的前列腺癌发生率下降34%，结肠和直肠癌发生率下降16%。此外，维生素C可减少体内致癌物亚硝胺的生成，从而减少胃肠肿瘤的发生。β-胡萝卜素可减少某些癌症的发生，但令人惊讶的是发现β-胡萝卜素可增加18%的肺癌发生率，增加23%的前列腺癌发生率。

五、饮酒

适当饮酒可减少心血管疾病的发生。然而，有实验证实乙醇是结肠癌发生的独立危险因子，而且酒精性肝硬化常常导致肝癌。研究表明饮酒和吸烟还能相互作用，导致上呼吸道和胃肠道肿瘤的发生。因此，为了减少心血管疾病发生而适当饮酒，必须在医生的指导下对患癌症和患心血管疾病的风险进行权衡比较。此外，对于50岁以下的女性（她们患心血管疾病的可能性比较小），有节制的饮酒并没有导致死亡率的任何下降。

第四节　痛风患者的饮食

一、概述

痛风症是与遗传有关的嘌呤代谢紊乱所引起的疾病，临床特点为反复发作的急性关节炎及某些慢性表现，如痛风结石、关节强直或畸形、肾实质损害、尿路结石及高尿酸血症等。高尿酸血症是痛风症的重要特征。人体尿酸来源有内源性和外源性两种，内源性尿酸是体内由谷氨酸在肝内合成,或是由核蛋白不断更新分解而来;而外源性尿酸是摄入高嘌呤食物所致。

二、饮食治疗目的

痛风症急性发作时要尽快终止其发作症状,尽快控制住急性痛风症关节炎。要积极控制外源性嘌呤的摄入,减少尿酸的来源;用一切治疗手段促进尿酸从体内排出。通过膳食控制和药物治疗,完全可以控制痛风症急性发作,阻止病情加重和发展,逐步改善体内嘌呤代谢,降低血中尿酸的浓度,减少其沉积,防止并发症。

三、急性痛风患者的饮食

(一)限制嘌呤摄入

患者应长期控制嘌呤摄入,急性期应选用含嘌呤量低的食物,禁用含嘌呤量高的食物。

(二)限制热能

因痛风症患者多伴有肥胖、高血压病和糖尿病等,故应降低体重、限制热能。但要注意切忌减重过快,减重过快促进脂肪分解,易诱发痛风症急性发作。

(三)蛋白质和脂肪

蛋白以植物蛋白为主,动物蛋白可选用牛奶、鸡蛋,在蛋白质供给量允许范围内选用。尽量不用肉类、禽类、鱼类等。

(四)维生素和矿物质

应供给充足的B族维生素和维生素C,多供给蔬菜、水果等碱性食品。应限制钠盐的摄入,通常每日2~5 g。

（五）水分

多饮水有利于尿酸的排出，心、肾功能不全时宜适量限制水分。

（六）禁食刺激性食品

禁食如酒和辛辣调味品等。咖啡、茶叶和可可等可适量选用。

四、慢性痛风患者的饮食选择

给予平衡膳食，适当放宽嘌呤摄入量，但仍禁食含嘌呤较高的食物，可自由选含嘌呤量少的食物（表3-2、3-3、3-4）。维持理想体重；瘦肉类食品要煮沸去汤后食用；限制脂肪摄入量，平时养成多饮水的习惯，少用食盐和酱油。

表3-2 痛风患者可以吃的食物（每100 g食物中嘌呤含量）

食物名称	100 g食物嘌呤含量（mg）	食物名称	100 g食物嘌呤含量（mg）
菠菜	13.3	橙子	3
奶粉	15.7	橘子	2.2
莴仔	5.2	西瓜	1.1
柠檬	3.4	苹果	1.3
鸡蛋白	3.7	猪血	11.8
鸡蛋黄	2.6	海参	4.2
芹菜	8.7	白米	18.4
辣椒	14.2	玉米	9.4
姜	5.3	面粉	17.1
白菜	9.7	蜂蜜	1.2
葱头	8.7	马铃薯	3.6

表 3-3　痛风患者尽量不要吃的食物(每 100 g 食物中嘌呤含量)

食物名称	100 g 食物嘌呤含量(mg)	食物名称	100 g 食物嘌呤含量(mg)
蛤蛎	316	香菇	214
豆芽	166	猪肝	229.1
乌鱼	183.2	秋刀鱼	355.4
干贝	390	小鱼干	1 538.9
带鱼	391.6	草虾	162.2
鸡肝	293.5	牡蛎	239
海鳗	159.5		

表 3-4　痛风患者可适当吃一点的食物(每 100 g 食物中嘌呤含量)

食物名称	100 g 食物嘌呤含量(mg)	食物名称	100 g 食物嘌呤含量(mg)
猪脑	65.3	豆干	66.5
绿豆	75.1	海带	96.6
猪肚	132.4	豆浆	27.75
油菜	30.2	金针菇	60.9
红豆	53.2	鸡腿肉	140.3
猪大肠	69.8	鲫鱼	137.1
茼蒿菜	33.4	蘑菇	28.4
黑豆	137.4	鸡胸肉	137.4
羊肉	111.5	红鲋	140.3
牛肉	83.7	栗子	34.6
花生	95.3	莲子	40.9
豆腐	55.5	猪肉	132.6
鳝鱼	92.8	螃蟹	81.6

第五节　贫血与饮食

一、贫血的定义及表现

贫血是缺铁性贫血、巨细胞性贫血、溶血性贫血、再生障碍性贫血和其他继发性贫血等的总称。临床以面色苍白或萎黄、唇甲色淡、困倦乏力、气短头晕、心悸、形体消瘦和出血为特征。缺铁性贫血也称营养性贫血，最为常见，特别是经期女性。

贫血症一般表现为发色黯淡、头昏眼花、心悸失眠，甚至月经失调等。此症长期不治，将形成恶性循环，引起免疫力下降，许多疾病也会乘虚而入，健康将受到全面威胁。

二、贫血患者的饮食

贫血患者的饮食中营养要合理，要富有营养及易于消化。食物必须多样化，食谱要广，不应偏食，防止某种营养素的缺乏。饮食应有规律、有节制，严禁暴饮暴食，忌食辛辣、生冷、不易消化的食物。平时可配合滋补食疗，以补养身体。

（一）高蛋白低脂肪

对一般贫血患者来说，首先应考虑给予高蛋白饮食。要多吃些肉食，如瘦猪肉、鸡肉、鱼、肝或其他动物内脏等，以获得优质蛋白的补充。另外，由于瘦肉、鱼、鸡或动物内脏中的铁，在肠道内不受其他食物因素影响，容易被肠黏膜吸收；而粮食等植物性食物中的铁要变成离子状态，与粮食中的植物酸、蔬菜中的草酸及食物中的磷酸等结合成不溶状态，不易被肠道吸收。

其次，应尽量控制脂肪的摄入量，因为脂肪可抑制人体的造血功能，高脂肪还可导致腹泻、消化不良、肥胖症等疾患。

（二）丰富的维生素

饮食结构中维生素的含量丰富，对各类疾病的患者都是适宜的。就贫血患者而言，维生素 B_1、维生素 B_{12}、维生素 C 和叶酸等是至关重要的。维生素 B_1 的补充，可以通过粮食，特别是杂粮获得；维生素 B_{12} 和叶酸，主要来源于动物内脏等食物；维生素 C 的主要来源，则是各种新鲜的蔬菜和水果。多饮茶能补充叶酸、维生素 B_{12}，有利于巨细胞性贫血的治疗。但缺铁性贫血则不宜饮茶，因为饮茶不利于人体对铁剂的吸收。在一般情况下，膳食改进后 1 个月左右，轻度贫血就可以得到纠正或明显好转。

（三）补充微量元素

多食用含铁丰富的食物，如猪肝、猪血、瘦肉、奶制品、豆类、大米、苹果、绿叶蔬菜等，适当补充酸性食物则有利于铁剂的吸收。值得注意的是，适量补充微量元素铜对纠正贫血也相当重要，不过人体对铜的生理需要量甚微，通过日常饮食即可满足。但是，如果饮食营养欠佳，而又少食，甚至不食蔬菜，就会给纠正贫血带来不利。

（四）少食含盐食物

贫血患者应少食含盐食物为好，一旦出现水肿还应暂时禁盐。

第六节　肥胖的饮食控制

一、定义

肥胖是指能量摄入超过能量消耗，而导致体内脂肪积聚过多达到危害程度的一种慢性代谢性疾病。肥胖目前在全球范围内广泛流行，发达国家患病率高。在我国，肥胖人数也日益增多，肥胖已经成为不可忽视的严重威胁国民健康的危险因素。

二、评价肥胖的常用指标

体质指数(BMI)是目前国际上用来评价成年人体重不足、超重和肥胖的最常用指标。但对特殊人群，BMI 不能准确反映超重和肥胖的程度。BMI 的计算公式如下：

$$BMI = 体重(kg) \div 身高(m^2)$$

中国成年人判断超重和肥胖的界限值：18.5 ~ 23.9 kg/m^2为正常；>24 kg/m^2为超重；>28kg/m^2为肥胖。

三、肥胖的原因

(1) 内在因素：包括遗传因素、瘦素(又称脂肪抑制素)、胰岛素抵抗及脂肪组织的变化等。

(2) 饮食因素：① 摄食过多；② 不良的饮食行为；③ 进食能量密度较高的食物。

(3) 其他因素：① 运动减少；② 妊娠期营养因素；③ 人工喂养及其辅助添加。

四、肥胖饮食控制原则

肥胖直接起因是长期能量摄入量超标，治疗必须坚持足够时间，持之以恒、长期地控制热能摄入和增加热能消耗，彻底纠正热能高代谢状况，切不可急于求成。

(1) 限制总热能：热能限制要逐渐降低、避免骤然降至最低安全水平以下，应适可而止。辅以适当体力活动，增加热能消耗。

(2) 蛋白质：低热能膳食蛋白质供应不宜过高，可选用高生物价蛋白，如牛奶、鱼、鸡、鸡蛋清、瘦肉等。

(3) 限制脂肪。

(4) 限制糖类。

(5) 限制食盐和嘌呤。

必须按正常标准保证膳食有足够维生素和矿物质，多进食蔬菜，蔬菜中含有丰富的维生素，且热能低，并有饱腹感。食物应多样化，切忌偏食。

第七节　青春痘、少白头与饮食

一、青春痘患者的饮食

青春痘(图3-2)与饮食有很大的关系。随着人们生活水平的提高，食物结构中动物性脂肪、蛋白质的比例大幅增长。由于动物性脂肪及其加工品、奶油、油炸食物等会促进皮脂腺旺盛地分泌皮脂，促使青春痘生长及恶化。另外，香辣、刺激的调味品及酒也有促进微血管扩张的效果，因而刺激皮脂分泌过剩，使皮肤长出青春痘。除此之外，甜食也是诱发青春痘的主

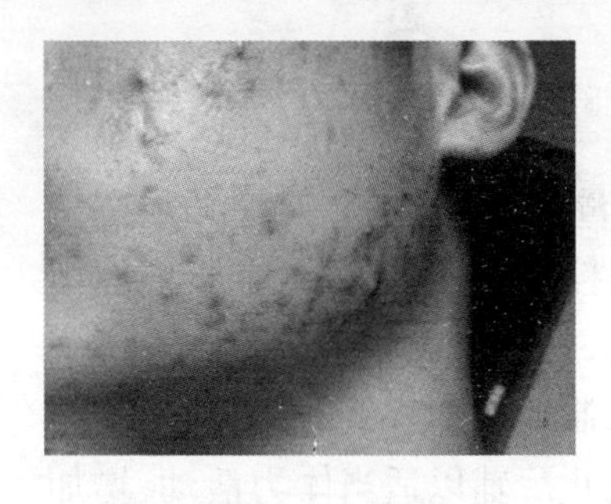

图 3-2 青春痘

要因素,像蛋糕、巧克力、红豆汤、冰淇淋、果汁、香蕉、饼干等都是年轻人喜欢的甜食,须多加留意。爱运动的人若常喝可乐等清凉饮料来解渴,这些饮料中含有的糖分,对于青春痘的预防亦有负面影响。

青春痘患者的饮食应注意以下几方面:

(1) 注意饮食均衡。青春痘患者应注意饮食的均衡性,建议患者少食油腻性食物,如肥肉、奶油、鱼油、动物大脑或煎炸食品,辛辣食物如(烈酒 、浓茶、咖啡)等,以及巧克力、糖果,糕点食物,多吃清淡可口的食物,适当补充维生素和微量元素,多吃新鲜水果、蔬菜,保护大便通畅。

(2) 多饮水。饮用足量的水可以使皮肤光洁、滋润并促进废物的排泄。

(3) 多食富含维生素的食物。多食含有维生素 A 和 B 族维生素的食物,如胡萝卜、韭菜、荠菜、菠菜、动物肝脏、内脏、瘦肉、乳类、蛋类、绿叶蔬菜等。

(4) 多食含锌、钙、铁等微量元素的食物。如海鱼、鸡蛋、核桃仁、葵花子、苹果、金针菇等。

(5) 多食清淡的食物。青春痘患者大多肺胃积热,宜多食清凉祛热、生津润燥的食品,如蘑菇、芹菜、油菜、菠菜、苦瓜、黄瓜、丝瓜、冬瓜、番茄、绿豆芽、黄豆、豆腐、西瓜、梨、山楂、苹果、瘦猪肉、鱼肉、鸭肉等。

此外,如羊肉、鸡肉、南瓜、龙眼、栗子、鲤鱼、鲢鱼等应少吃。

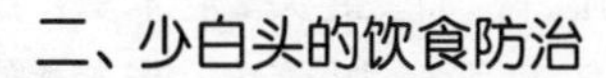

二、少白头的饮食防治

当今有很多年轻的朋友惹上了“少白头”的烦恼，年纪轻轻却头顶白发，实在影响心情，而且会让他们产生自卑的心理。现代医学认为，少白头的发生多与神经因素、营养不良、内分泌障碍以及全身慢性消耗性疾病有关。那么，如何才能预防少白头的出现呢？想要拥有迷人秀发，就应该从吃主食开始。

决定头发颜色的因素是头发中色素颗粒的多少，与发根乳头色素细胞的发育生长情况有关。头发由黑变白，一般是毛发的色素细胞功能衰退，当衰退到完全不能产生色素颗粒时，头发就完全变白了。正常人从 35 岁开始，毛发色素细胞就开始衰退。但是，如果不好好保护的话，黑发有可能会提前变成白发。古人说，“发为血之余”，意思是说头发的生长与脱落、润泽与枯槁，主要依赖于肾脏精气之充衰，以及肝脏血液的濡养。不吃或少吃米谷等主食，必然会伤脾胃，而且还会伤及肝肾。人在青壮年时，肝的气血充盈，所以头发长得快且光泽，而到了年老体衰时则精血多虚弱，其直接原因是脾胃提供的营养不足。五谷杂粮中富含淀粉、糖类、蛋白质、各种维生素和某些微量元素（如铜）等，肉食中含有丰富肉蛋白，中老年人如果主食及肉食摄取不足，常会导致头发变灰变白。

那么，应如何预防头发变白呢？人可常吃紫米、黑豆、赤豆、青豆、红菱、黑芝麻、核桃等主食，也要多吃乌骨鸡、牛羊肉、猪肝、甲鱼、深色肉质的鱼类、海参等肉食。为了防止少白头的过早出现，在饮食上应注意多摄入含铁和铜的食物。含铁多的食物有动物肝、蛋类、黑木耳、海带、大豆、芝麻酱等；含铜多的食物有动物肝、肾，虾、蟹类，坚果类，杏干和干豆类等。此外，中老年人还要常吃胡萝卜、菠菜、紫萝卜头、紫色包心菜、香菇、黑木耳等。总之，凡是深色的食物都含有色素，对头发色泽的保养十分有益。

第八节 口腔溃疡的营养对策

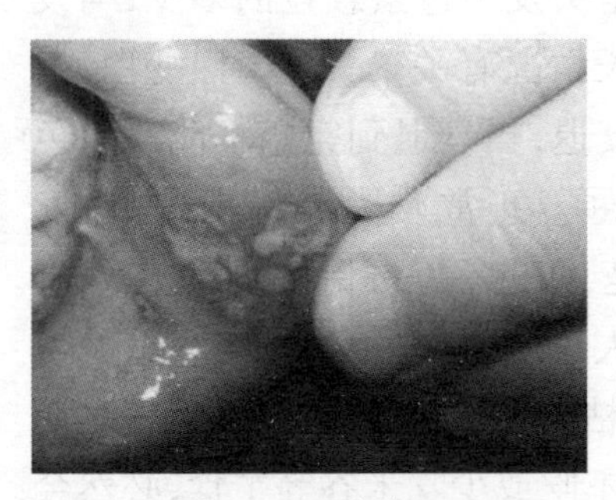

图 3-3 口腔溃疡

口腔溃疡（图 3-3）发生时，大部分人的对策是多吃蔬菜水果（补充维生素 C），但往往并不见效。因为与口腔溃疡关系最密切的并不是缺乏维生素 C，而是缺乏维生素 B_2 和其他 B 族维生素。

哪些食物富含维生素 B_2 呢？非常遗憾，日常食物含维生素 B_2 都不是很丰富，想找一两种维生素 B_2 含量特别高的食物以补充维生素 B_2 的企图注定要失败。成功的办法是饮食尽量均衡，即鱼、肉、蛋、奶、大豆制品、绿色蔬菜、新鲜水果、粗粮等样样齐全。不过，对很多人而言，这个办法说了等于没说。

直接补充维生素片剂或药丸是快捷有效的办法，维生素 B_2 及其他维生素都很容易在药房买到。维生素 B_2 缺乏经常与其他维生素缺乏同时发生，这是因为维生素 B_2 缺乏主要是饮食不均衡造成的，而饮食不均衡就很可能缺乏多种维生素，不止维生素 B_2，所以最好同时补充多种维生素，

除了维生素 B_2，还有维生素 B_1、维生素 B_6 和维生素 C。大致的剂量是：维生素 B_2，每日 3 次，每次 1 粒，5 mg；维生素 B_1，每日 3 次，每次 1 粒，10 mg；维生素 B_6，每日 3 次，每次 1 粒，10 mg；维生素 C，每日 3 次，每次 1 粒，100 mg。

上述维生素的建议剂量都比较大，即超出一般饮食推荐摄入量（维生素 C 的推荐摄入量是每日 100 mg，维生素 B_1、维生素 B_2 和维生素 B_6 的每日推荐摄入量只有 1 ~ 2 mg），能发挥治疗口腔溃疡的作用。出于安全的考虑，不要长期如此，最好短期应用，如一二周之内。

如果口腔溃疡反复发作或者长时间不愈合，那就要想到缺锌的可能，补锌后可以愈合。缺锌影响伤口愈合，一个典型的情况是，吃饭时不留神咬破了唇部黏膜，局部不愈合反而形成了一个溃疡。补锌的方法是服用葡萄糖酸锌（有口服液剂型，也有颗粒剂型），每日补充10 ~ 20 mg（以元素锌计）。

如果你能明白口腔溃疡反映了食谱不佳（不均衡），食谱不佳很可能是缺乏多种营养素，而不仅仅是我们重点讨论的维生素 B_2、维生素 C 和锌等，那么接下来的预防措施就很容易理解了：补充复合型维生素、矿物质，如药准字的善存、金施尔康、21 金维他等，以及保健食品类善存维佳、黄金搭档、倍力健等。

当然，即使你选用复合维生素，也仍然要尽量注意饮食均衡，鱼肉蛋奶、深色蔬菜、新鲜水果、粗粮、大豆制品样样齐全，多喝水。毕竟，均衡饮食才是防治口腔溃疡的根本方法。

最后，还要再强调一下难治的、复发的、严重的、顽固的口腔溃疡，多与免疫性疾病、感染或综合因素有关，不是维生素缺乏那么简单,仅仅补充维生素也不能治好,必须及时就医,应用相关药物(包括激素)才行。即便如此,均衡饮食或补充复合维生素仍然是值得推荐的。

第九节　骨折与骨质疏松症的饮食防治

一、骨折患者的饮食原则

骨折患者除了在最初一些日子里可能伴有轻微的全身症状外,其余时间里大多没有全身症状,所以和一般健康人的日常饮食相仿,选用多品种、富有各种营养的饮食就可以了。要注意使食物易于消化和吸收,慎用对呼吸道和消化道有不良刺激的辛辣品(辣椒、生葱、芥末、胡椒)等。在全身症状明显的时候,应给予介于正常饮食和半流质饮食之间所谓软饭菜,供给的食物必须少含渣滓,便于咀嚼和消化,烹调时须切碎煮软,不宜油煎、油炸。

骨折分早、中、晚3个阶段,根据病情的发展,配以不同的食物,以促进血肿吸收或骨痂生成。

1. 骨折早期(1 ~2 周)

受伤部位瘀血肿胀,经络不通,气血阻滞,此期治疗以活血化瘀,行气消散为主。中医认为,“瘀不去则骨不能生”,“瘀去新骨生”。可见,消肿散瘀为骨折愈合之首要。饮食配合原则上以清淡为主,如蔬菜、蛋类、豆制品、水果、鱼汤、瘦肉等,忌食酸辣、燥热、油腻,尤不可过早施以肥腻滋补之品,如骨头汤、肥鸡、炖水鱼等,否则瘀血积滞,难以消散,必致拖延病程,使骨痂生长迟缓,影响日后关节功能的恢复。在此阶段,食疗可用三七 10 g,当归 10 g,肉鸽 1

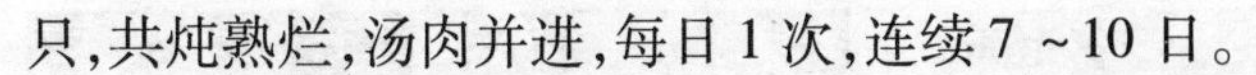

只,共炖熟烂,汤肉并进,每日1次,连续7~10日。

2. 骨折中期(2~4周)

瘀肿大部分吸收,此期治疗以和营止痛、祛瘀生新、接骨续筋为主。饮食上由清淡转为适当的高营养补充,以满足骨痂生长的需要,可在初期的食谱上加以骨头汤、田七煲鸡、动物肝脏之类,以补给更多的维生素A、维生素D,钙及蛋白质。食疗可用当归10 g,骨碎补15 g,续断10 g,新鲜猪排或牛排骨250 g,炖煮1小时以上,汤肉共食,连用2周。

3. 后期(5周以上)

受伤5周以后,骨折部瘀肿基本吸收,已经开始有骨痂生长,此为骨折后期。治疗宜补,通过补益肝肾、气血,以促进更牢固的骨痂生成,以及舒筋活络,使骨折部的邻近关节能自由灵活运动,恢复往日的功能。饮食上可以解除禁忌,食谱可再配以老母鸡汤、猪骨汤、羊骨汤、鹿筋汤、炖水鱼等,能饮酒者可选用杜仲骨碎补酒、鸡血藤酒、虎骨木瓜酒等。食疗可用枸杞子10 g,骨碎补15 g,续断10 g,苡米50 g。将骨碎补与续断先煎去渣,再入余2味煮粥进食。每日1次,7日为1个疗程。每1疗程间隔3~5日,可用3~4个疗程。

二、骨质疏松症的饮食防治

(一)骨质疏松症概述

骨质疏松症虽然是中老年人最常见的骨骼疾病,但很多和年轻时饮食不平衡与缺少运动有关。骨质疏松症是一种全身性疾病,它的主要特征是骨矿物质含量低下、骨结构破坏、骨强度降低、易发生骨折。疼痛、驼背、身高降低和骨

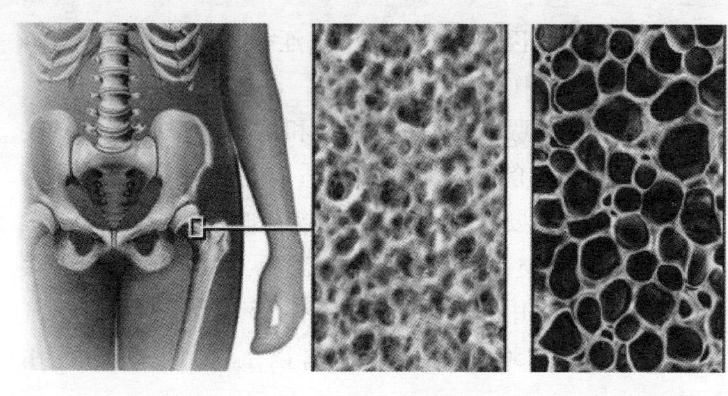

图 3-4　正常骨组织与骨质疏松示意图

折是骨质疏松症的特征性表现。但有许多骨质疏松症患者在疾病早期常无明显的感觉。

骨质疏松症受先天因素和后天因素影响。先天因素指种族、性别、年龄及家族史;后天因素包括药物、疾病、营养及生活方式等。年老、女性绝经、男性性功能减退都是导致骨质疏松症的原因。

有以下因素者属于骨质疏松症的高危人群:老龄;女性绝经;母系家族史(尤其髋部骨折家族史);低体重;性激素低下;吸烟;过度饮酒或咖啡;体力活动少;饮食中钙和(或)维生素 D 缺乏(光照少或摄入少);有影响骨代谢的疾病;应用影响骨代谢的药物。

骨质疏松症是第 4 位常见的慢性疾病,被称为沉默的杀手。骨折是骨质疏松症的严重后果,常是部分骨质疏松症患者的首发症状和就诊原因。常见的骨折部位是腰背部、髋部和手臂。髋部骨折后第一年内由于各种并发症病死率达到 20% ~25% 。存活者中 50% 以上会有不同程度的残疾。

（二）骨质疏松症的预防

人的各个年龄阶段都应当注重骨质疏松的预防，婴幼儿和年轻人的生活方式都与骨质疏松的发生有密切联系。

人体骨骼中的矿物含量在30多岁达到最高，医学上称之为峰值骨量。峰值骨量越高，就相当于人体中的“骨矿银行”储备越多，到老年发生骨质疏松症的时间越推迟，程度也越轻。

老年后积极改善饮食和生活方式，坚持钙和维生素D的补充可预防或减轻骨质疏松。

1. 均衡饮食

增加饮食中钙及适量蛋白质的摄入，低盐饮食。钙质的摄入对于预防骨质疏松症具有不可替代的作用。嗜烟、酗酒、过量摄入咖啡因和高磷饮料会增加骨质疏松的发病危险。

2. 适量运动

人体的骨组织是一种有生命的组织，人在运动中肌肉的活动会不停地刺激骨组织，使骨骼更强壮。运动还有助于增强机体的反应性，改善平衡功能，减少跌倒的风险。这样骨质疏松症就不容易发生。

3. 增加日光照射

中国人饮食中所含维生素D非常有限，大量的维生素D_3依赖皮肤接受阳光紫外线的照射后合成。经常接受阳光照射会对维生素D的生成及钙质吸收起到非常关键的作用。正常人平均每天至少20分钟日照。防晒霜、遮阳伞也会使女性骨质疏松概率加大。平时户外光照不足的情况下，出门又要涂上厚厚的防晒霜或者用遮阳伞，会影响体内维生素 D 的合成。

（三）骨质疏松症的误区

1. 喝骨头汤能防止骨质疏松

实验证明同样一碗牛奶中的钙含量，远远高于一碗骨头汤。对老人而言，骨头汤里溶解了大量骨内的脂肪，经常食用还可能引起其他健康问题。要注意饮食的多样化，少食油腻，坚持喝牛奶，不宜过多食入蛋白质和咖啡因。

2. 治疗骨质疏松症等于补钙

简单来讲骨质疏松症是骨代谢的异常（人体内破骨细胞影响大于成骨细胞，以及骨吸收的速度超过骨形成速度）造成的。因此骨质疏松症的治疗不是单纯补钙，而是综合治疗，提高骨量、增强骨强度和预防骨折。患者应当到正规医院进行诊断和治疗。

3. 骨质疏松症是老年人特有的现象，与年轻人无关

骨质疏松症并非是老年人的“专利”，如果年轻时期忽视运动，常常挑食或节食，饮食结构不均衡，导致饮食中钙的摄入少，体瘦，又不拒绝不良嗜好，这样达不到理想的骨骼峰值量和质量，就会使骨质疏松症有机会侵犯年轻人，尤其是年轻的女性。因此，骨质疏松症的预防要及早开始，使年轻时期获得理想的骨峰值。

4. 老年人治疗骨质疏松症为时已晚

很多老年人认为骨质疏松症无法逆转，到老年期治疗已没有效果，为此放弃治疗，这是十分可惜的。从治疗的角度而言，治疗越早，效果越好。所以，老年人一旦确诊为骨质疏松症，应当接受正规治疗，减轻痛苦，提高生活质量。

5. 靠自我感觉发现骨质疏松症

多数骨质疏松症患者在初期都不出现异常感觉或感觉不明显。发现骨质疏松症不能靠自我感觉,不要等到发觉自己腰背痛或骨折时再去诊治。高危人群无论有无症状,应当定期去具备双能X线吸收仪的医院进行骨密度检查,有助于了解您的骨密度变化。

6. 骨质疏松症是小病,治疗无须小题大做

骨质疏松症平时不只是腰酸腿痛而已,一旦发生脆性骨折,尤其老年患者的髋部骨折,导致长期卧床,病死率甚高。

7. 骨质疏松症治疗自己吃药就可以了,无须看专科医生

对于已经确诊骨质疏松症的患者,应当及早到正规医院,接受专科医生的综合治疗。

8. 骨质疏松容易发生骨折,宜静不宜动

保持正常的骨密度和骨强度需要不断地运动刺激,缺乏运动就会造成骨量丢失。体育锻炼对于防止骨质疏松具有积极作用。另外,如果不注意锻炼身体,出现骨质疏松,肌力也会减退,对骨骼的刺激进一步减少。这样,不仅会加快骨质疏松的发展,还会影响关节的灵活性,容易跌倒,造成骨折。

9. 骨折手术后,骨骼就正常了

发生骨折,往往意味着骨质疏松症已经十分严重。骨折手术只是针对局部病变的治疗方式,而全身骨骼发生骨折的风险并未得到改变。因此,我们不但要积极治疗骨折,还需要客观评价自己的骨骼健康程度,以便及时诊断和治疗骨质疏松症,防止再次发生骨折。

第十节 感冒的食疗

至今还没有特效疗法能快速治疗感冒，一旦感冒，病程基本上都要持续七天，所以多关注些“感冒了吃什么?”“吃什么预防感冒?”等问题比关注“吃什么食物或药物能缩短病程”要来得更实际一些。

一、感冒的吃与不吃

吃什么食物可以缩短病程? 回答是没有食物可以辅助治疗感冒且缩短病程，红糖姜水不行，大葱、大蒜、生姜等食物不行，小米粥也不行。普通感冒一般1周左右即可痊愈，由流感病毒引起的流行性感冒，需要7~15天才能好转，食物并不能起到缩短病程的作用。

感冒期间，人通常会觉得没有胃口，原因有两个：① 因为感冒时胃肠道蠕动速度减慢，甚至紊乱了；② 人体内时刻都在进行着复杂的化学反应，而这些化学反应的顺利进行则需要各种酶的催化。人感冒后体温会有升高，体温升高会让酶活性降低，也造成消化液分泌减少，由此会影响消化过程，使人感觉没有胃口或饭后不舒服。

人的体温每增加1 ℃，基础能量消耗就会增加13%，人在感冒的时候，一定要有良好的进食，不能因为胃口不好就少吃或者不吃。饮食，在感冒期间尤为重要，对食物的选择也确实有宜忌之分。

感冒的时候一定要多喝水，而且是温开水，不要喝过凉的水。人正常一天要摄入的水量是2 500 ml，在这2 500 ml

里，其中人体氧化产生的代谢水约有300 ml，通过食物吃进去的水约有1 000 ml，剩下的约1 200 ml的水是人一天要喝进去的。人在感冒发烧时的饮水量需要超过1 200 ml，可以达到1 500～1 800 ml。要注意的是，这些水是单纯的温开水，绝不是浓茶、浓咖啡等各种饮料。

（一）感冒宜食

1. 清淡的汤和粥

感冒时，人的肠胃功能变差，清淡的汤和粥相对要易于消化，同时热汤和热粥可以起到发汗的作用，发汗之后要注意水分的补充。

2. 清蒸的鸡和鱼

人体相对虚弱时，要注意优质蛋白的补充。鸡肉和鱼肉中含有人体所必需的多种氨基酸，且其蛋白质易于消化吸收，能显著增强机体对感冒病毒的抵抗能力。

3. 萝卜

萝卜素对预防感冒及缓解感冒症状可能有一定的作用。推荐一种做法，把萝卜切碎，榨汁，再把生姜捣碎，榨出少量姜汁，加入萝卜汁中，可再加入蜂蜜，拌匀后冲入开水做成饮料喝，可以清热、驱寒。

4. 洋葱和大蒜

洋葱气味辛辣，可抗寒，抵御感冒，且具有一定的抑菌作用。同时洋葱营养价值丰富，能刺激胃、肠及消化腺分泌，增进食欲，促进消化。

大蒜是饮食中不可缺少的调味品，大蒜内含“硫化丙烯”的辣素，这种辣素对病原菌和寄生虫都有很好的抑制作用。

5. 蜂蜜

蜂蜜含有多种生物活性物质，能激发人体的免疫功能，每日早晚两次服用，可增强身体免疫力，抵抗病毒性侵袭。注意蜂蜜要用温水或凉水冲调。

(二) 感冒忌食

1. 甜食

无论是高糖的水果还是甜品点心，在感冒期间都要禁食。甜食不但会增加痰的黏度，还会增加痰的量。另外，还会导致腹胀，抑制食欲。高糖水果有很多种，如芒果、葡萄、荔枝、甘蔗、菠萝、红枣等。

2. 多盐

实验数据显示，少吃点含钠的食盐，可提高唾液中溶菌酶的含量，保护口腔、咽喉部黏膜上皮细胞，让其分泌出更多的免疫球蛋白 A 及干扰素来对付感冒病毒，因此，感冒期间每日盐量一定要控制在 5 g 以内。

感冒时人也不能不吃盐，因为在大量发汗过程中，身体会丢失一部分钠离子，烹调中的盐是对钠离子的一种补充。

3. 粗纤维食物

感冒期间，人的胃动力较弱，所以这段时间内还要尽量避免食用粗纤维的食物，如芹菜、韭菜、茼蒿、生豆等，不给肠胃增加负担。

建议在感冒时多食用低纤维的食物，如去掉皮的茄子、黄瓜、冬瓜、西葫芦、西红柿等。

4. 辛辣食物

不要迷信吃辛辣食物可以发汗，这种刺激性的食物只会让已经一塌糊涂的胃肠道功能更加紊乱，甚至引发恶心、呕吐的风险。

5. 浓茶、浓咖啡

浓茶、浓咖啡会导致胃肠不适,有时可能引发胃食管反流。

最后要提醒人们,千万不要迷信传说中“饥饿疗法”,不吃东西只会导致能量不足、血糖降低、抵抗力下降,对病情没有任何帮助。感冒时需要摄入适宜的营养才能有利于病情的好转,但要注意饮食清淡。

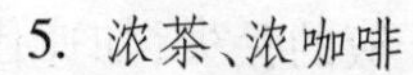

二、预防感冒的饮食诀窍

虽然我们说食物不是药物,没有治疗病症的作用,但是在预防疾病的问题上,食物是可以发挥一定功效的。如果人们在日常饮食上能注意以下几点,会起到较好的预防感冒的效果。

1. 规律补充维生素C

补充维生素C基于两个层面,一个是不缺乏,一个是达到预防量。国家规定每人每日摄入维生素C的量是100 mg,达到100 mg,人就不会出现坏血病等维生素C缺乏所致的疾病,但也不能达到预防慢性疾病的水平。国际上有研究证明,若成人每日摄入维生素C的量达到300 mg,就可以减少一些疾病的发生,如感冒等,那么这300 mg的量就是维生素C可以起到预防疾病作用的数量。达到每日500~600 mg可能在降低部分慢性疾病或心脑血管疾病等方面发挥一定作用。如果饮食中的维生素C不能达到300 mg,可以通过食用维生素C药片或维生素C泡腾片等来补充。

2. 饮食不可过饱油腻

饮食不宜过饱,同时要少吃油腻、高盐食品。多喝温开水,注意每日补充适量的水分来补充汗液的丢失,加速代谢物的排泄。

3. 多食适宜食物

(1) 蘑菇:含有丰富的矿物质硒、核黄素、烟酸和大量的抗氧化物,是加强身体免疫力,对抗感冒的有力武器。

(2) 大蒜和洋葱:其抑菌功效是众所周知的,特别是大蒜中所含有的大蒜素具有强效的消炎作用,能同时抑制多种细菌。需要注意一点:大蒜虽说具有预防感冒的功效,但平时也不要过量食用。每日对大蒜的使用量最好控制在4瓣以内。如果过量食用的话,会对肠胃产生刺激。

(3) 西瓜:含有一种抗氧化剂“谷胱甘肽”,它对增强免疫功能,抵抗感染很有帮助。

第四章 特殊人群的营养

第一节　孕妇与乳母营养

一、孕妇的营养需要

1. 热能

孕期总热能的需要量增加，包括提供胎儿生长，胎盘、母体组织增长，孕妇体重增长，蛋白质、脂肪贮存以及增加代谢所需要的热能。我国营养学会建议孕妇于妊娠 4 个月后每日增加热能摄入 0.83 MJ(200 kcal)。

2. 蛋白质

孕期对蛋白质的需要量增加，以满足母体、胎盘和胎儿生长的需要。我国营养学会建议孕中期每日膳食应增加蛋白质摄入量 15 g，孕末期每日增加 25 g。故极轻体力劳动的孕妇每日摄入蛋白质总量为孕中期80 g，末期 90 g，其中动物类和豆类食品等优质蛋白质应占三分之一以上。

3. 无机盐及微量元素

由于孕期的生理变化，使得血中各种无机盐和微量元素的浓度降低。孕期膳食中可能缺乏的主要是钙、铁和锌。

(1) 钙: 孕期需增加钙的摄入以保证母亲骨骼的钙不致因满足胎儿对钙的需要而被耗竭。孕期钙的补充量各国均不相同,我国营养学会建议孕中期每日摄入钙为1 000 mg,孕末期为1 500 mg。

(2) 铁: 缺铁性贫血是个普遍存在的问题,在妇女中较多见,因此许多妇女在开始妊娠时体内铁的贮存已经较少。我国营养学会建议孕妇铁的膳食供给量由一般成年妇女的每日18 mg提高到每日 28 mg。但孕期对铁的需要通常很难从膳食得到满足,即使是营养良好的人群也不例外。一些学者主张自孕中期至末期每日应补充 30 mg 元素铁,相当于补充 150 mg 硫酸亚铁或 100 mg 富血铁。

(3) 锌: 孕妇于孕中期开始应增加锌的摄入量,我国营养学会建议每日锌摄入量由非孕妇的 15 mg 增至 20 mg,以满足胎儿生长发育的需要。

(4) 碘: 我国营养学会建议孕中期和末期膳食中碘的摄入量由非孕妇的每日 150 μg 增至 175 μg。

4. 维生素

孕期需特别考虑的维生素为维生素 A、D 及 B 族维生素。

(1) 维生素 A: 虽然维生素 A 是胎儿所必需的,但孕妇不可摄入大量维生素 A,过量维生素 A 不仅可引起中毒,而且有导致胎儿先天畸形的可能。我国营养学会建议孕期每日维生素 A 摄入量为 1 000 μg 视黄醇当量(3 300 IU)。FAO/WHO 认为孕妇每日维生素 A 摄入总量应限于 3 000 μg视黄醇当量以下。

(2) 维生素 D: 由于过量摄入维生素 D 可引起中毒,

故孕期补充维生素D亦需慎重。我国营养学会推荐的孕妇每日膳食维生素D供给量为10 μg(400 IU)。

(3) 维生素E：我国孕妇膳食维生素E的推荐供给量为每日12 mg。

(4) 维生素B_1：由于维生素B_1主要功能为参与能量代谢,且不能在体内长期贮存,因此足够的摄入量十分重要。我国推荐孕期膳食维生素B_1的供给量为每日1.8 mg。

(5) 维生素B_2：研究表明孕期维生素B_2需要量增高,若摄入不足则随着妊娠的进展可出现维生素B_2缺乏。我国推荐孕期膳食维生素B_2的供给量为每日1.8 mg。

(6) 烟酸(尼克酸)：烟酸的膳食供给量应与维生素B_1保持合适比例,故孕妇每日膳食烟酸供给量应为18 mg。

(7) 维生素B_6：孕期对维生素B_6的需要量增加。不同国家推荐的膳食供给量大致比非孕妇增加0.5 mg,当蛋白质摄入量增多时,维生素B_6的供给量亦应增加。

(8) 叶酸：孕妇对叶酸的需要量有很大增加。FAO/WHO提出为满足孕妇的叶酸需要,每日补充量应为200～300 μg,而每日叶酸总摄入量应不少于350 μg或每公斤体重7 μg。

(9) 维生素C：我国推荐孕妇膳食维生素C的供给量由非孕妇的每日60 mg增至80 mg,以满足母体和胎儿的需要。

二、乳母的营养需要

1. 热能

乳母对热能的需要量增加,以满足泌乳所消耗的热能和提供乳汁本身的热能。我国营养学会推荐乳母膳食热能供给量为每日增加3.3 MJ(800 kcal),以极轻体力劳动者为例,每日需供给热能12.1 MJ(2 900 kcal)。

2. 蛋白质

我国营养学会推荐乳母每日膳食中蛋白质供给量应较一般妇女增加25 g,达到每日90 g,其中一部分应为优质蛋白质。

3. 脂肪

我国营养学会推荐乳母每日膳食中脂肪供给量应以其能量占总热能的20%~25%为宜。

4. 钙

乳母应增加钙的摄入量,我国营养学会推荐每日乳母钙摄入量由一般妇女的800 mg增至1 500 mg。

5. 铁

我国营养学会推荐乳母每日膳食铁供给量由一般妇女的18 mg增至28 mg。

6. 维生素

(1) 脂溶性维生素:我国推荐乳母膳食维生素A的供给量为每日1 200 μg视黄醇当量。乳母每日膳食维生素D的供给量国内外均为10 μg(400 IU)。

(2) 水溶性维生素:我国推荐乳母每日膳食维生素C的供给量为100 mg;推荐乳母每日维生素B_1和维生素B_2的供给量均为2.1 mg;推荐乳母每日膳食烟酸供给量为21 mg;推荐乳母每日膳食叶酸供给量需较一般妇女增加约100 μg。

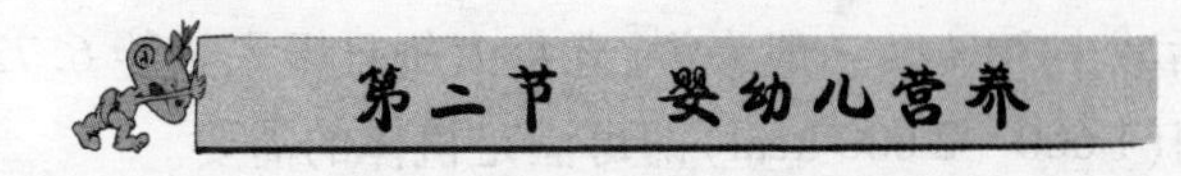

第二节　婴幼儿营养

一、热能

儿童生长发育所需的热能很难鉴定，从每公斤体重的热能需要来看，1 岁以内的婴儿超过成人的两倍以上，随着年龄的增长，生长率逐渐减慢，每公斤体重所需热能亦逐渐减少。

二、蛋白质

婴幼儿较成人相对需要更多的蛋白质和优质蛋白，特别是 2 岁以内，脑细胞仍在继续增殖和长大，需要足够的蛋白质保证大脑的良好发育。

三、无机盐、微量元素和维生素

婴幼儿的需要量高，且较成人易患缺乏症，因此膳食中需增加富含钙、铁的食物及增加维生素 A、D、C 等的摄入，必要时还可补充强化铁食物、水果汁、鱼肝油及维生素片。2 岁以后，如身体健康且能得到包括蔬菜、水果在内的较好膳食，则不需额外补充维生素。

第三节　老年人的营养

1. 热能

由于基础代谢下降和体力活动减少，总热能摄入量应降低。自 60 岁以后,热能摄入量应较青壮年减少 20%,70 岁以后减少 30%。一般来说,老年人每日摄入热能 6.72 ~ 8.4 MJ(1 600 ~ 2 000 kcal)即可满足机体的需要。

2. 蛋白质

蛋白质的摄入量应少而质优,每日摄入量以达到每公斤体重 1 ~ 1.2 g 为宜,在膳食总热能中应占 13% ~ 14% 较合适。所供给的蛋白质中需有一部分蛋、奶、鱼、肉等动物蛋白,而豆腐、豆制品等可较多食用。

3. 脂肪

脂肪的摄入不宜过多,以摄入的脂肪量占膳食总热能的 20% 为宜。还应控制猪油、牛羊油及奶油等动物脂肪的摄入,而应以富含多不饱和脂肪酸的植物油为主。

4. 碳水化合物

老年人不宜食含蔗糖高的食品,宜多吃水果、蜂蜜等含果糖的食品,还应多吃蔬菜增加食物纤维的摄入,以利于增强肠蠕动,防止便秘。

5. 无机盐与微量元素

钙的补充不宜过多,我国营养学会推荐每日钙的供给量为 800 mg,已可满足老年人的需要;铁的摄入也需充足,我国推荐老年人每日铁的膳食供给量为 12 mg。

6. 维生素

各种维生素的摄入量应能达到我国营养学会推荐的膳食供给量标准。老年人每日膳食维生素 E 的推荐供给量为 12 mg,当多不饱和脂肪酸摄入量增加时,应相应地增加维生素 E 的摄入量,但每日摄入量以不超过 300 mg 为宜。充足的维生素 C 可防止老年血管硬化,老年人每日膳食维生素 C 的推荐供给量为 60 mg。

第四节 特殊环境作业人员的营养

一、高温环境作业营养素供给量

1. 能量

当环境温度在30℃～40℃之间时，应在每日膳食营养素供给量基础上，按环境温度每增加1℃增加能量0.5%。

2. 蛋白质、脂肪和糖类

高温作业者的蛋白质供给量可稍高于常温条件下的供给量，但也不宜过高，以免加重肾脏负担，特别在饮水供应受限制的情况下更应注意。蛋白质的供给量可占总能量的12%；脂肪供给量，以不超过总能量的30%为宜；糖类占总能量的比率应不低于58%。

3. 矿物质和微量元素

高温作业者钙的供给量应较常温作业者高，使之达到每人每天1 000 mg，铁的供给量则应按常温作业者的供给量增加10%～20%；锌的供给量不应低于15 mg。氯化钠的补充应考虑出汗量。出汗量<3 L/d，食盐需要量为15 g；出汗量在3～5 L/d，食盐需要量为15～20 g；出汗量>5 L/d，食盐需要量为20～25 g。

4. 维生素

维生素C的需要量增加，一般认为每日膳食供应量应为150～200 mg，维生素B_1每日应为2.5～3 mg，维生素B_2则应较常温下每日增加1.5～2.5 mg。

二、低温条件下的营养素供给量

1. 能量需要量

低温环境条件下能量需要量增加。一般情况下可提高基础代谢 10% ~15% ,一日总能量可在此基础上考虑野外活动多少、居住条件与服装保温好坏以及对气候条件习服程度等而适当调节。

2. 蛋白质、脂肪、糖类比例

在确定能量供给量的前提下,应考虑适宜的蛋白质、脂肪和糖类的生热比例,低温条件下与常温下明显不同的是糖类应适当降低,蛋白质正常或略高,脂肪则应适当提高。但对低温尚未习服者则应保持糖类适当比例,脂肪占的比例不宜过高。

3. 维生素

一般认为低温条件下各种维生素需要量比常温下高。

4. 矿物质和微量元素

寒冷地区人体矿物质和微量元素常感不足,应特别留意补充。应注意从食物中补充矿物元素。

三、高原环境作业的营养素供给量

1. 能量需要量

在同等劳动强度条件下,在高原的能量需要量高于在海平面者。

2. 各种营养素的供给量

(1) 糖类:在高原地区,应保证能量的摄取量,特别是糖类摄取量,对维持体力非常重要。

(2) 脂肪:在高原缺氧情况下,机体利用脂肪的能力仍能保持相当程度，高原地区居民有较高的脂肪消化利用率。

(3) 蛋白质：在高原地区，应增加蛋白质的摄取量。

(4) 维生素：高原维生素的需要量有增高的趋势。

(5) 矿物质：铁是血红蛋白的重要成分，所以铁的供给量应当充足，一般认为，如体内铁贮备正常，每日膳食供给10 ~ 15 mg 铁，可以满足高原人体的需要，但高原女性铁的供给量应比平原适当增加。

(6) 水：高原空气干燥，水的表面张力减小和肺的通气量增大，每日失水较多。在剧烈登山运动中，每 4 小时应饮水 1 L。久居高原适应以后，饮水量则与平原相同。

第五节　特殊作业人员的营养

一、低照度作业人员的营养需要

(1) 维生素 A：低照度作业人员维生素 A 供给量为 1 500 μg 视黄醇当量。

(2) B 族维生素：B 族维生素作为辅酶，对视感受器能量代谢极为重要。膳食缺乏硫胺素，引起视觉紊乱。此外，补充维生素 B_2 在暗光下能提高眼的分辨能力，改善光的敏感度和减轻视觉疲劳。

(3) 蛋白质：蛋白质与维生素 A 代谢关系密切。蛋白质营养不良对维生素 A 的吸收、贮存、运输和利用都有影响，而维生素 A 缺乏又影响肌肉和血清蛋白的合成。

(4) 脂肪：脂肪影响维生素 A 的吸收，某些影响脂肪吸收的因素或疾病则可影响维生素 A 和胡萝卜素的吸收，但脂肪对维生素 A 的利用影响甚小或无影响。

（5）锌、硒：锌、硒营养状况与暗适应功能关系密切，两者大量存在于视网膜上。我国规定一般成年男子锌的供给量为15 mg，硒为 50 μg/d。低照度作业人员供给量应稍高于此标准。其他营养素供给量可参考一般成人标准。

二、辐射条件下的营养素供给量

（1）能量：其供给量与非放射性工作人员相同。

（2）蛋白质：其供给量略高于非放射性工作人员。

（3）维生素：维生素 A 每日供给 1 000 μg 视黄醇当量，但 50% 应来自动物性食物或油脂；如果工作在不易接触日光的地方，每日可供给维生素 D_3 10 μg；维生素 E 的供给量应随必需脂肪酸供给量增加而增加；维生素 K 每日供给量 120 ~ 150 μg，但普通膳食中维生素 K 的含量至少比供给量高一倍以上；维生素 C 每日供给量应较非放射性工作人员增加；维生素 B_1 的供给量应随能量供给量的增加而增加；维生素 B_2 的供给量变动原则与 B_1 相同；烟酸的供给量也随能量供给而定。

（4）矿物质：除钙与铁外，成人的矿物质供给量无明确规定。但放射性工作人员的矿物质营养状况应保证良好。

三、铅作业人员的营养需要

（1）蛋白质：蛋白质的供给量需充足，应占总热能的 14% ~15%，并需增加优质蛋白的供给。

（2）脂肪：膳食脂肪摄入量应适当限制，以免高脂肪促进铅在小肠中的吸收。

（3）维生素：铅作业者每日维生素 C 的供给量应为

150 mg，维生素 B_1、维生素 B_2 及维生素 A 对预防铅中毒亦有一定作用，也应合理供给。

此外，接触铅的人员还应多食水果、蔬菜，其所含的果胶、食物纤维能降低肠道中铅的吸收。

四、苯作业人员的营养需要

（1）蛋白质：在保证平衡膳食的基础上增加优质蛋白质的摄入，富含优质蛋白质的膳食对预防苯中毒有一定作用。

（2）脂肪：膳食脂肪摄入量不宜过高，以免促进苯的吸收。

（3）维生素与矿物质：维生素 C 的摄入量应提高，每日应补充 150 mg，还应适当增加铁的供给量，并补充一定量的维生素 B_6、维生素 B_{12} 及叶酸等。

五、航海与潜水作业人员的营养需要

1. 航海人员的营养素供给量

（1）船员及舰艇人员属中等以上劳动强度，船员的能量供给量应为 12.5～14.0 MJ（3 000～3 300 kcal），舰艇人员为 12.5～15.0 MJ（3 000～3 500 kcal）。

（2）蛋白质供给量应不低于每千克体重 1.5 g，以 60 kg 体重计，每人每日应供给 90 g 以上，其中优质蛋白质应占 30% 以上。

（3）脂肪供给量应为 100～120 g，其中动物性脂肪应控制在 50% 以下。

（4）蛋白质、脂肪、糖类占能量的比例应分别为 12%～15%、26%～30%、55%～62%。

（5）维生素供给量应为维生素 A 750～1 000 μg 视黄醇当量，维生素 B_1 及 B_2 按每供给能量 4.184 MJ（1 000 kcal）需要 0.5～0.8 mg 计算，烟酸 20 mg，维生素 C 100～150 mg，舰艇人员略高于船员。

（6）矿物质供给量应与成年人一样，但在低纬度地区航行或处于高温环境中时，要根据钾、钠、钙、镁等的消耗需要，适当予以补充。

2. 潜水员的营养素供给

（1）空气潜水或氮氧潜水：水下 50 m 以上的潜水作业可呼吸空气或氮氧混合气体，作业的时间都不长。每人每日可供给能量 13.5～15.5 MJ（3 200～3 700 kcal）；蛋白质 110～120 g，其中优质蛋白质应占 50%；脂肪供给的能量占总能量的 30%，其中植物性脂肪不少于 50%。维生素的供给量为维生素 A 1 800 μg 视黄醇当量，维生素 B_1 2～3 mg，维生素 B_2 2～3 mg，维生素 B_6 2～3 mg，烟酸 25 mg，维生素 C 100～150 mg。此外还应供给钙 800 mg，铁 15 mg。

（2）氦氧潜水：进行水下 50 m 以下的氦氧潜水作业时，体内能量丢失较空气或氮氧潜水作业时多，因此，对进行氦氧潜水作业潜水员的营养素供给量宜为每人每日供给能量 14.5～16.5 MJ（3 500～4 000 kcal），蛋白质、脂肪、糖类占总能量的比例分别为 15%、30% 和 55%。对蛋白质和脂肪的质量要求同空气潜水。此外还应每人每日供给维生素 B_1 3～4 mg，维生素 B_6 3～4 mg，烟酸 30 mg，其余同空气潜水。

（3）大深度氦氧饱和潜水：营养素供给的原则应是高能量、高蛋白质和高维生素，营养充足、配比合理。蛋白质供给量应占总能量来源的 15%～18%，其中动物性蛋白质占 60%

以上。维生素的供给量为维生素 A 1 800 μg 视黄醇当量，其中至少 1/3 来源于动物性食物中的视黄醇；维生素 B_1 和维生素 B_2 为 3.5 ~ 4.0 mg，维生素 B_6 4.0 ~ 6.0 mg，烟酸35 ~ 40 mg，维生素 C 150 ~ 200 mg，维生素 E 15 ~ 20 mg。矿物质的供给量为钙 1 000 ~ 1 200 mg，铁 15 ~ 20 mg，钾1 875 ~ 5 625 mg，镁350 ~ 500 mg，锌 15 ~ 20 mg，铜 2 ~ 3mg。

六、飞行人员的营养需要

(1) 长途飞行空中餐能量为 3 344 ~ 4 180 kJ(800 ~ 1 000 kcal)，蛋白质占总能量的 15% ~ 20%，脂肪占 25% ~ 30%。

(2) 动物来源的蛋白质占蛋白质总量的 30% ~ 50%。

(3) 脂肪中多不饱和脂肪、单不饱和脂肪、饱和脂肪三者之比应为 1 : 1 : 1。

(4) 蔗糖的能量不超过总能量的 10%。

(5) 膳食中胆固醇应控制在 800 mg 以下，血脂超常者控制在 500 mg 以下。

(6) 膳食中维生素 A 至少有 1/3 来自动物性食品。

七、重体力劳动人员的营养需要

(1) 能量：对重体力劳动者，若能在满足能量平衡的基础上，适当提高能量供应 836.8 kJ(200 kcal) 对机体有一定良好作用。

(2) 蛋白质：建议每人每日 120 ~ 125 g，其中优质蛋白应占 40% ~ 50%，可更好地保持劳动者的体能，并促使机体处于理想的营养生化和免疫功能状态。

(3) 矿物质：钙、磷、铁的供给量与一般劳动无区别。

在重劳动持续时间较长时,补钾也很重要。

(4) 维生素:劳动强度增加,能量需要增加时,应相应地增加与能量代谢关系密切的维生素 B_1、维生素 B_2、烟酸和与消除疲劳有关的维生素 C。

第五章 食品中存在的不安全因素——防患未然需要一丝不苟

第一节　食品污染

食品污染是指一些有毒、有害物质进入正常食品的过程。食品从原料的种植、培育到收获、捕捞、屠宰、加工、储存、运输、销售以及使用整个过程的每一个环节，都有可能出现有害因素，使食品受到污染，从而使食品的营养价值和卫生质量降低，或对人体造成不同程度的危害。

食品污染的种类分为生物性污染、化学性污染、物理性污染。

一、生物性污染

生物性污染包括细菌和细菌毒素污染、真菌和真菌毒素污染、病毒污染、寄生虫及虫卵、昆虫污染、动植物天然毒素污染、外来基因引起的污染。生物性污染具有较大的不确定性，控制难度大、危害大。

（一）细菌性污染

细菌性污染导致食物中毒是所有食物中毒中最普遍、最具暴发性的一种食源性疾病。可污染食品的细菌种类很多,大体上可分为致病菌、条件致病菌和非致病菌三类。

1. 致病菌

致病菌污染食品可引起细菌性食物中毒、肠道传染病、人畜共患传染病等食源性疾病。致病菌对食品的污染有两种情况:第一种是生前感染,如奶、肉在禽畜体生前即潜存着致病菌。主要有能引起食物中毒的肠炎沙门菌、猪霍乱沙门菌等;也有能引起人畜共患病的结核杆菌、布鲁杆菌属、炭疽杆菌。第二种是外界污染,致病菌来自外环境,主要有痢疾杆菌、副溶血性弧菌、致病性大肠埃希菌,还有伤寒杆菌、肉毒梭菌,这些致病菌通过带菌者粪便、病灶分泌物、苍蝇、工(用)具、容器、水、工作人员的手等传播途径污染食品。

2. 条件致病菌

条件致病菌指在通常情况下不致病,只有在特定条件下才能有致病力的细菌,在自然界分布较广。常见的有葡萄球菌、链球菌、变形杆菌、韦氏梭菌、蜡样芽胞杆菌,能在一定条件下引起食物中毒。

3. 非致病菌

非致病菌在自然界分布极为广泛,在土壤、水体、食物中更为多见。食物中的细菌绝大多数都是非致病菌,这些非致病菌中有许多都与食品腐败变质有关。能引起食品腐败变质的细菌称为腐败菌,是非致病菌中最多的一类。常见的有:假单胞菌属、微球菌属和葡萄球菌属、芽孢杆菌属与芽孢梭菌属、肠杆菌科各属、弧菌属与黄杆菌属、链球菌属、嗜盐杆菌属、乳杆菌属等。

（二）真菌与真菌毒素污染

真菌又称霉菌，广泛存在于自然界中。多数真菌对人体有益，在抗生素医药工业及发酵酿造工业等方面起着重要作用，但是也有一些真菌对人体有害。真菌中的个别菌种或菌株能产生对人体有害的真菌毒素，大约有1/10的真菌可产生有害的真菌毒素，其产生的毒素致病性强，随时都有可能污染食品。真菌毒素主要是指真菌在其污染的食品中所产生的有毒代谢产物，有些可导致急性食物中毒，有些少量长期摄入可产生慢性、潜在性的危害。到目前为止，已知的真菌毒素大约有200种，比较重要的有黄曲霉毒素、杂色曲霉毒素、镰刀菌毒素、展青霉素、黄绿青霉素等。

1. 黄曲霉毒素

黄曲霉毒素具有极强的毒性和致癌性。黄曲霉毒素耐热，在280 ℃时毒性方可破坏。在加氢氧化钠的碱性条件下，黄曲霉毒素形成香豆素钠盐，故可通过水洗予以去除。

黄曲霉在自然界分布十分广泛，土壤、粮食、油料作物、种子均可见到。污染的食品主要为玉米、花生、大米及花生油，还有小麦和白薯干。

图5-1 霉变的玉米和花生

黄曲霉毒素是剧毒物质,其毒性为氰化钾的10倍,三氧化二砷(砒霜)的68倍。若低剂量摄入,可造成慢性中毒,对肝脏的损害尤其大。一次大量摄入,可出现肝实质细胞坏死、胆管上皮增生、肝脂肪浸润及肝出血等急性病变。黄曲霉毒素诱发肝癌的能力比二甲基亚硝胺大75倍,是目前公认的最强的化学致癌物质。

对黄曲霉毒素的控制措施,一是防止食品生霉;二是设法去除食品上已产生的黄曲霉毒素。

2. 镰刀菌毒素

镰刀菌毒素是继黄曲霉毒素后又一类重要的霉菌毒素。中毒的疾病主要有食物中毒性白细胞减少症和赤霉病麦中毒。

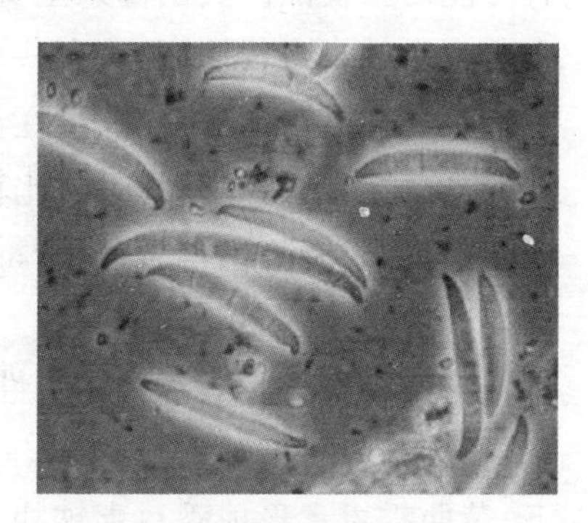

图5-2 镰刀菌

食物中毒性白细胞减少症曾发生在西伯利亚地区,引起不少人中毒和死亡,主要症状是皮肤出现出血斑点、粒性白细胞缺乏、坏死性咽喉炎和骨髓再生障碍。发病原因与某些镰刀菌侵染谷物后,在田间越冬产生强烈毒素有关。

赤霉病麦中毒可以引起人与牲畜头痛、头晕、乏力、呕吐,有酒醉感,故又得名"醉谷病"。以前,在日本和我国相继发现类似的中毒现象。长江流域一带的赤霉病麦引起的中毒与禾谷镰刀菌有关。

(三) 病毒与寄生虫污染

1. 病毒污染

病毒污染食物的主要途径有污染饮用水、污染港湾水、污染灌溉水以及不良的个人卫生等。

病毒污染了港湾水就可能污染鱼和贝类。牡蛎、蛤和贻贝(即淡菜),它们是过滤性进食,水中的病原体通过其黏膜而进入,病毒然后转入消化道。如果生吃贝类,那么,病毒同样也被摄入。它们经过烹调后,很可能被厨房器具和某些设备二次污染。而这些设备和厨房器具已接触到生的水产品,或已被带有感染病毒的加工工人污染了。

被病毒污染的灌溉用水能够将病毒留在水果或蔬菜表面,而这些果蔬通常是用于生食。

如果用被污染的饮用水冲洗或作为食品的配料,或恰恰被你喝下,那么它就可以传播病毒。

通过粪便感染食物加工者的手,病毒可被带到食物中去。有时候,这些人看起来是没有病的,但恰恰是病毒携带者。任何由含有病毒的人类粪便所污染的食物,都可能引起疾病。这些病毒包括甲型、戊型肝炎。

图 5-3　曾致 30 万上海人感染甲肝的毛蚶

病毒在食品中不能繁殖和复制,而且在食用食品前,病毒也很容易被灭活，因此，最广泛、有效地灭活食品中病毒的方法是彻底加热，做熟的食品最不可能有感染性病毒存在，除非做熟后再次被病毒污染。

2. 寄生虫的污染

寄生虫污染主要有旋毛虫、猪、牛带绦虫、囊尾蚴、弓形虫、广州管圆线虫和肉孢子虫等。生食或半生食（加热不充分）含有旋毛虫包囊、囊尾蚴、弓形虫的家畜肉或野生动物及其制成品，可造成相应的疾病。人在进食含有感染性广州管圆线虫幼虫的蛙、螺、蟾蜍、虾、蟹、鱼的肉以及被幼虫污染的蔬菜瓜果均可感染，福寿螺是最主要的污染食品。2006 年，北京某酒楼经营的凉拌螺肉（原料为福寿螺）中含有广州管圆线虫的幼虫，造成食用过凉拌螺肉的 138 人患广州管圆线虫病。

图 5-4　美味的福寿螺

培养卫生健康的饮食习惯是预防感染食源性寄生虫病的捷径，不要吃生的或未煮透的猪、牛、羊等肉类食品，切忌吃未煮透的虾、螺、蛇等食物，杜绝旋毛虫，猪、牛带绦虫、肝吸虫等寄生虫病的侵袭。

(四) 动物和植物中天然毒素的污染

动物和植物中天然毒素的污染主要是指一些动、植物本身含有某种天然有毒成分,由于食用方法不当或由于储存条件不当形成某种有毒物质被人食用后引起的中毒。常见的有毒动、植物品种有河豚,含高组胺鱼类,含氰苷植物,发芽的马铃薯、四季豆、生豆浆等。

图 5-5 发芽马铃薯

二、化学性污染

化学性污染包括农药、兽药使用不当,残留于食物;工业三废(废气、废水、废渣)不合理排放,致使汞、镉、砷、铬、酚等有害物质污染食物;食品容器包装材料质量低劣或使用不当致使其中的有害金属或有害塑料单体等溶入食品;食品加工不当造成 N-亚硝基化合物、多环芳烃以及丙烯酰胺污染食品;滥用食品添加剂;化学战剂污染。

(一) 农药污染

农药的使用在防治农业害虫等方面,发挥了重要作用,但使用不当,也会对环境和食品造成污染。

施用农药后,在食品内或食品表面残存的农药及其代谢物、降解物或衍生物,统称为农药残留。摄入残留农药的食品可能引起急性中毒或慢性中毒,特别是低剂量长期摄入还可能有致畸、致突变和致癌作用。

农药作为一种污染物进入人体,通过大气和饮水占

10%,通过食物占90%左右,农药污染食品,一方面可以通过施农药对食用作物直接污染;另一方面也可以通过对空气、水、土壤间接污染。主要途径包括:施用农药对作物的直接污染,作物从污染的土壤吸收农药以及生物富集作用。生物富集指生物将环境中低浓度的化学物质通过食物链转运和蓄积达到高浓度的能力,以水生生物最为明显。

控制农药对食品污染及危害的措施包括:发展高效、低毒、低残留农药;合理使用农药;限制施药到收获的间隔期;加强农药的安全运输和保管;限制农药在食物中的残留量。

(二) 兽药污染

现代养殖业日益趋向于规模化、集约化,使用抗生素、维生素、激素、金属微量元素等,更成为保障畜牧业发展必不可少的一环。然而不幸的是,由于科学知识的缺乏和经济利益的驱使,在养殖业中滥用药物的现象普遍存在,在我国情况尤为严重。瘦肉精、安眠酮类、雌性激素、抗生素等药物残留超标比较普遍。

瘦肉精是一种 β_2 受体激动剂,用于动物增加瘦肉率,容易在猪体内残留,人体如果一次摄入量过大,就会产生异常生理反应的中毒现象,因此而被禁用。被称为瘦肉精有莱克多巴胺和盐酸克伦特罗。人食用含瘦肉精的猪肉后会出现头晕、恶心、手脚颤抖、心跳加速,甚至心脏骤停而死亡,特别对心律失常、高血压、青光眼、糖尿病和甲状腺功能亢进等患者有极大危害。

(三) 金属毒物污染

食品的金属毒物污染如铅、砷、汞、镉等,是国内外普遍关注的食品卫生问题。世界很多地区的一些食品不同程度地受到污染,有些地区的污染还是很严重的。如日本熊本

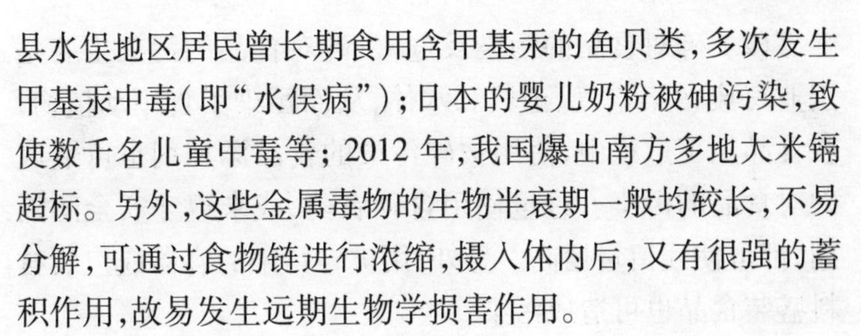
县水俣地区居民曾长期食用含甲基汞的鱼贝类，多次发生甲基汞中毒（即“水俣病”）；日本的婴儿奶粉被砷污染，致使数千名儿童中毒等；2012 年，我国爆出南方多地大米镉超标。另外，这些金属毒物的生物半衰期一般均较长，不易分解，可通过食物链进行浓缩，摄入体内后，又有很强的蓄积作用，故易发生远期生物学损害作用。

1. 金属毒物污染食品的途径

金属毒物进入人体的途径以消化道摄入为主。对人体危害较大的金属毒物主要有铅、砷、汞和镉等。金属毒物污染食品的主要途径有：工业三废污染、食品生产加工过程的污染以及某些含重金属的农药和食品添加剂的污染。

2. 铅、砷、汞、铜对食品的污染及危害

（1）铅对食品的污染及危害：含铅工业三废的排放是铅污染食品的主要来源。工业生产中产生的烟尘和废气含有铅，可污染大气，大气中的铅沉降到地面，从而污染农作物。汽车排出废气的铅可污染公路两旁的农作物。含铅废水、废渣的排放可污染土壤和水体，污染水体的铅可通过食物链污染水产品。食品加工用机械设备和管道含铅，在适宜的条件下，铅也会移行于食品中；食品的容器和包装材料也是铅的重要来源，如陶瓷食具的釉彩、铁皮罐头盆的镀焊锡含铅，用这些食具盛酸性食品，或是涂料脱落时铅易溶出污染食品。用铁桶或锡壶盛酒也可将铅溶出。印刷食品包装材料的油墨、颜料，儿童玩具的涂料也是铅的来源，某些食品添加剂或生产加工中使用的化学物质含铅杂质，亦可污染食品。

长期摄入低剂量铅后，易于在体内蓄积并出现慢性毒性作用。主要损害造血系统、神经系统、胃肠道和肾脏。

(2) 砷对食品的污染及危害:砷对食品的污染主要是工业三废污染空气、土壤和水体,从而污染了食用动植物;在食品加工过程中,使用被砷污染的食品添加剂也可造成砷对食品的污染。过量使用含砷农药,或未遵守安全间隔期,都可使残留量增高。另外,用被砷污染的容器或包装材料盛装食品也可造成污染。

(3) 汞对食品的污染及危害:汞对食品的污染,主要是工矿企业汞的流失和含汞三废的排放造成的。另外,用有机汞杀菌剂拌种,或在作物生长期施用有机汞,也可污染粮食或其他食品。由于汞比较稳定,因此汞污染的食品经加工处理也不能将汞完全消除。汞由胃肠道吸收与其化学形式有关。金属汞很少由胃肠道吸收,故其经口引起的毒性极小。有机汞的吸收率较高,如甲基汞的胃肠道吸收率为95%。吸收入体内的甲基汞主要与蛋白质的巯基结合。在血液中,90%与红细胞结合,10%与血浆蛋白质结合,并通过血液分布于全身。

汞由于存在形式的不同,其毒性亦各异。无机汞化物急性中毒多由事故摄入而引起。有机汞在人体内的生物半衰期为70天,因此易于蓄积。慢性甲基汞中毒的病理损害主要为细胞变性、坏死,周围神经髓鞘脱失,起初表现为疲乏、头晕、失眠,而后感觉异常,手指、足趾、口唇和舌等处麻木,症状严重者可出现共济运动失调、发抖、说话不清、失明、听力丧失、精神紊乱,进而疯狂痉挛而死。甲基汞亦可通过胎盘进入胎儿体内,新生儿红细胞汞的浓度比母体高30%,因此,甲基汞更容易危害胎儿,引起先天性甲基汞中毒。

(4) 镉对食品的污染及危害:镉对食品的污染主要是工业废水的排放造成的。工业废水污染水体,经水生生物浓集,使水产品中镉含量明显增高。含镉污水灌溉农田和污染施肥亦可污染土壤,经作物吸收而使食品中镉残留量增高。用含镉金属做容器,或是用银电镀器皿,或是用含镉彩釉涂于容器,将酸性食品或饮料盛放在这些容器内,即可溶解出并污染食品。

长期摄入镉后,可引起肾功能障碍,其早期表现为尿镉和尿中低分子量蛋白排出量增加。

日本镉污染大米引起的"痛痛病",主要症状为背部和下肢疼痛,行走困难,骨质疏松极易骨折。另外,镉还可引起贫血。其原因可能是镉干扰食物中铁的吸收和加速红细胞的破坏所致。

锌、镉是相互拮抗的元素,摄入镉多,能置换含锌酶中的锌,并抑制该酶活性,因而加重镉的毒性作用。反之,摄入锌多,能拮抗镉的毒性作用。

3. 控制金属毒物污染食品及危害的措施

由于金属毒物污染食品后很难去除,所以应积极采取有效措施消除污染源。对工业废水、废气必须预先处理,使其符合排放标准,废渣也要妥善处理以免污染农田。含有毒金属的农药要按有关规定使用,如有机砷等;或是禁止使用,如有机汞等。容器包装材料、食品加工生产中使用的化学物质和食品添加剂中的有毒金属含量,要符合国家卫生标准和管理办法。

卫生部门除了对各类食品企业进行经常的卫生监督外,还要定期对各种食品进行经常的金属毒物检测,以检查其是否超过我国规定的容许限量标准。要定期对接触者的生物材料(如血、尿和毛发等)进行检测,以使用灵敏的指标发现过去一段时间生物材料中金属毒物的浓度是否超过正常水平,或是某些生化改变。在此基础上,如有必要可进

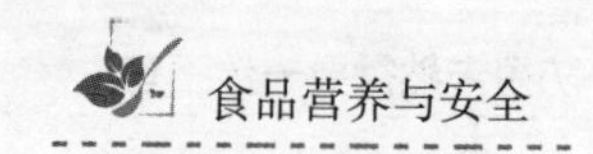

行流行病学调查,以发现接触此类金属毒物的人群有无症状和体征出现。所以,流行病学调查是确定金属毒物对人体危害的可靠方法。

三、物理性污染

物理性污染主要来源于复杂的多种非化学性的杂物,严重影响了食品应有的感官性状和营养价值,食品质量得不到保证,主要有下列 3 种情况。

(1) 来自食品产、储、运、销的污染物。如粮食收割时混入的草籽、液体食品容器池中的杂物、食品运销过程中的灰尘及苍蝇等。

(2) 食品的掺假使假。如粮食中掺入沙石、肉中注水、奶粉中掺入大量的糖等。

(3) 放射性污染。主要来自放射性物质的开采、冶炼及核爆炸、核废料的污染以及意外核泄漏造成的核污染。

放射性污染对人体的危害在于长时期体内小剂量的内照射作用。^{90}Sr 可诱发骨恶性肿瘤,并能引起生殖机能下降;^{131}I 可能损伤甲状腺组织,或诱发甲状腺瘤。因此,应采取措施,控制污染。其主要措施是加强对污染源的控制,严格遵守操作规程,定期进行卫生监督及检测,以及严格执行有关的卫生标准。

第二节　食品的腐败变质

食品腐败变质是指食品在一定环境因素影响下,由微生物的作用而引起食品成分和感官性状发生改变,并失去

食用价值的一种变化。腐败变质的食品不仅质量下降,有些还会损害健康。

一、食品腐败变质的原因和条件

(1) 食品本身组成和性质。食品本身的营养成分、水分、pH、酶和渗透压影响食品保存时限,例如:食品的 pH 值为 6 最适合微生物增殖,pH < 4.5 可抑菌;水分活度(Aw) <0.7,一般微生物不能繁殖。

(2) 微生物(细菌、霉菌、酵母)污染。微生物酶分解食品成分,破坏食品的营养组成,产生不良感官刺激,严重时,可能造成食物中毒。

(3) 环境条件。适宜的环境条件(温度:20 ℃ ~35 ℃,pH 值为 6 ~7,相对湿度 > 80%),容易造成食品腐败,此外,紫外线、氧对食品腐败变质也有影响。

鉴定食品腐败变质的指标有感官指标、化学指标、物理指标和微生物指标。

二、肉类食品腐败变质及其危害

肉类食品中的优势腐败菌有假单胞菌属、黄杆菌属、微球菌属和链菌属。腐败菌能分解蛋白质,在细菌酶作用形成种种腐败产物。腐败变质的肉由于变臭、变黏、变味,故感官质量下降,食用价值及营养价值均降低,某些腐败产物还会对机体产生不良影响。如组胺与酪胺均为血管活性物质,过多的组胺可引起血压下降和过敏反应;过多的酪胺引起血压升高。

三、鱼、贝类食品的腐败变质及其危害

鱼、贝类食品的优势腐败菌有假单胞菌属、黄杆菌属和微球菌属。鱼、贝类食品比肉类食品容易腐败变质。鱼腐败变质后,感官质量下降,鱼体表面黏液增多,透明度下降,鱼体变软,肌肉松软无弹性,严重者鱼肉腐败离刺,食用价值严重下降。在某种情况下,还可引起食物中毒,中毒与腐败产物组胺有关。

四、油脂酸败变质及其危害

未经精炼的油常含有磷脂、蛋白质、黏液树脂、色素、糖类以及较多的水分,其中的蛋白质、水分、糖类有利于微生物的生长。有些细菌能产生脂肪分解酶,如假单胞菌属、产碱菌属、微球菌属。在细菌的脂肪分解酶作用下,油脂被分解为脂肪酸与甘油,酸价升高。

其中不饱和脂肪酸在自由基的诱发下,与氧接触,产生自动氧化,导致油脂酸败变质。酸败的油脂除感官性状发生改变外,营养素也有一定程度的破坏而使营养价值降低。此外,酸败的油脂还会产生一些不良影响,如刺激胃肠道,引起胃肠炎。在我国,食用酸败油脂油炸食品引起的食物中毒时有发生。中毒出现很快,食后2~6小时即可发病,其症状主要是恶心、呕吐、腹泻和嗳气。

五、防止食品腐败变质的常见方法

(1) 加热。高温处理,杀灭其中的微生物并使食品中酶失活。例如,巴氏杀菌或超高温杀菌奶、罐头食品。

(2) 腌渍。高盐分可降低水活性,以抑制微生物生长。

例如，咸鱼、金华火腿。

(3) 风干(脱水)。降低水分。例如，脱水蔬菜、合格大米(水分低于15.5%)。

(4) 酸化和发酵。酸化和乳酸菌发酵降低 pH 值可抑制微生物生长。例如，泡菜、酸奶。

(5) 防腐剂。酸化和乳酸菌发酵降低 pH 值可抑制微生物生长。例如，面包、香肠。

(6) 脱氧剂。有些化学物质可抑制微生物生长。例如，月饼、油炸鱼干。

第三节 食品在加工过程中形成的有害化合物

烟熏、油炸、焙烤、腌制等加工技术，在改善食品的外观和质地、增加风味、延长保质期、钝化有毒物质(如酶抑制剂、红细胞凝集素等)、提高食品的可利用度等方面发挥了很大作用。但随之也产生了一些有毒有害物质，如 N-亚硝基化合物、多环芳烃、杂环胺和丙烯酰胺等，相应的食品存在着严重的安全性问题，对人体健康产生很大的危害。

一、N-亚硝基化合物

N-亚硝基化合物是一类具有亚硝基(N-NO)结构的有机化合物，对动物有较强的致癌作用。迄今为止，已发现的亚硝基化合物有 300 多种，大部分有致癌作用。

(一) 食品中 N-亚硝基化合物的形成

1. 鱼类及肉制品中的 N-亚硝基化合物

硝酸盐和亚硝酸盐是腌制食品如腊肠、灌肠和午餐肉中的常用防腐剂,对肉毒梭菌有很强的抑制作用,可以有效地防止肉类腐败变质。在鱼和肉类食物腌制和烘烤加工过程中,加入的硝酸盐和亚硝酸盐可与蛋白质分解产生的胺反应,形成N-亚硝基化合物。尤其是腐烂变质的鱼和肉类,可分解产生大量的胺类,其中包括二甲胺、三甲胺、腐胺、吡咯烷等。这些化合物与添加的亚硝酸盐等作用生成N-亚硝基化合物。腌制食品如果再烟熏,则N-亚硝基化合物的含量将会更高。

2. 蔬菜瓜果中的N-亚硝基化合物

由于大量使用氮肥或土壤缺锰、钼等微量元素,使植物类食品中含有较多的硝酸盐和亚硝酸盐。在对蔬菜等进行加工处理和贮藏过程中,硝酸盐在硝酸盐还原菌的作用下,转化为亚硝酸盐,亚硝酸盐在适宜条件下可与食品蛋白质的分解产物胺反应,生成N-亚硝基化合物。

(二) N-亚硝基化合物的危害

N-亚硝基化合物是一种很强的致癌物质,目前已对300多种N-亚硝基化合物进行了研究,有90%以上可使动物致突变、致畸和致癌。N-亚硝基化合物可诱发各种部位发生癌症,一次给予大剂量或长期小剂量均可导致癌变。

(三) 预防亚硝基化合物污染食品的措施

人体亚硝基化合物的来源有两种:一是食物摄入;二是体内合成。无论是食物中的亚硝胺,还是体内合成的亚硝胺,其合成的前体物质都离不开亚硝酸盐和胺类。因此,减少亚硝酸盐和胺类物质的摄入是预防亚硝基化合物危害的有效措施。

1. 防止食物霉变及其他微生物污染

食品发生霉变和其他微生物污染时,可将硝酸盐还原为亚硝酸盐，并可发生食品蛋白质的分解，产生胺类物质。因此，在食品加工时，应保证食品新鲜，防止微生物污染。

2. 控制硝酸盐及亚硝酸盐的使用量

在食品加工中控制硝酸盐及亚硝酸盐的使用量，可以减少其在食品中的残留量，能有效地降低亚硝基化合物的生成量。另外，在加工工艺可行的情况下，尽量使用硝酸盐及亚硝酸盐的替代品，如在肉制品生产中使用红曲和维生素C作为发色剂等。

3. 减少传统食品腌菜和豆腐乳的食用量

蔬菜腌制时间在7~14天范围内，腌菜中的亚硝酸盐含量很高，随后慢慢呈下降趋势，21天之后食用较安全。豆腐乳（俗称霉豆腐、臭豆腐）是风味独特的传统食品，但在加工过程中如发酵过度，蛋白质降解的产物氨基酸在微生物分泌的脱羧酶作用下，易产生较多的胺类化合物，形成潜在的风险。

图5-6　腌腊制品

4. 食用新鲜蔬菜水果

新鲜蔬菜水果不仅亚硝酸盐含量低，而且维生素 C 含量高。维生素 C 已被证明能阻断体内外亚硝胺的合成。

二、丙烯酰胺

丙烯酰胺是一种不饱和酰胺，其单体为无色透明片状结晶。丙烯酰胺可引起人体神经损害并造成生殖毒性，它可引起动物致畸、致癌，是人类的潜在致癌物质。鉴于丙烯酰胺的毒性，美国环保局对自来水中丙烯酰胺的残留量，制定了非常严格的标准，规定饮用水中丙烯酰胺不得高于 0.5 μg/kg。但是，在 2002 年 4 月，瑞典国家食品管理局公布了某些油炸或焙烤的淀粉类食品存在高含量丙烯酰胺的检测结果，最高可达 12 800 μg/kg，从而引起世界卫生组织（WHO）、联合国粮食及农业组织（FAO）、欧盟、美国食品和药物管理局（FDA）以及世界各国食品业的广泛关注。2005 年 4 月，我国卫生部发布公告，警告公众关注食品中的丙烯酰胺，呼吁采取措施减少食品中的丙烯酰胺含量，确保食品的安全性。

（一）食品中丙烯酰胺的形成

自 2002 年，瑞典报道油炸或焙烤类的淀粉类食品中发现较高含量的丙烯酰胺以来，人们在丙烯酰胺形成机制上开展了大量研究。目前得到的共识是：天门冬酰胺是丙烯酰胺极为重要的一种前体物质，只要天门冬酰胺加上一个带 α-羟基的羰基化合物，就能促进美拉德反应，生成大量的丙烯酰胺，同时产生颜色和风味的变化。在氨基酸中，除天门冬酰胺外，还有谷氨酸、半胱氨酸、蛋氨酸等能与还原糖反应生成丙烯酰胺，但研究得最多且最彻底的是天门冬酰胺与还原糖的反应。

（二）丙烯酰胺的危害

丙烯酰胺是一种中等毒性的亲神经毒物，可通过未破损的皮肤、黏膜、肺和消化道吸收入人体，分布于体液中。现场劳动卫生学研究和体格检查发现，长期接触丙烯酰胺的工人主要表现为四肢麻木、乏力、手足多汗、头痛、头晕、远端触觉减退等，伤及小脑还会出现步履蹒跚、四肢震颤、深反射减退等现象。另外，大量的动物实验数据证实了丙烯酰胺具有一定的致癌作用，在实验动物的饮用水中每天加入2.0mg/kg体重的丙烯酰胺的剂量，一段时间后就可以在脑部、脊髓或其他组织中发现肿瘤细胞。丙烯酰胺还可抑制驱动蛋白样物质的活性，导致细胞有丝分裂和减数分裂障碍，从而引起生殖损伤。

（三）预防丙烯酰胺污染食品的措施

1. 控制原料中天门冬酰胺和还原糖含量

目前，主要有以下途径可供选择：一是采用适当温度贮存马铃薯，抑制其淀粉转化成葡萄糖以降低还原糖浓度。二是采用生物、化学方法去除原料中的天门冬酰胺。目前研究最多的是采用天门冬酰胺酶和其他酰胺酶，因为它们可在热加工前选择性地除去天门冬酰胺，使丙烯酰胺的生成量大大减少。对于面制品，加工前采用酵母发酵也是降低丙烯酰胺产生的有效途径之一。三是通过加工方法除去部分天门冬酰胺，如提高面粉精度可大幅度降低面粉中天门冬酰胺含量。

2. 控制热加工温度和时间

热加工温度和时间对丙烯酰胺的形成有显著影响，如氨基酸和还原糖在煎、炸和焙烤等高温加工条件下发生美拉德反应，产生了食品的色、香、味，同时也产生了丙烯酰胺，且其生成量和制品的褐变程度呈正相关。因此，降低热加工温度和缩短加工时间可有效降低丙烯酰胺产生。

3. 采用热烫和降低 pH 工艺

热烫可减少原料表面和内部的还原糖、游离天门冬酰胺含量，使表面淀粉凝胶化，减少油炸过程中吸油量，能有效降低丙烯酰胺的产生。酸性 pH 不利于美拉德反应进行，采用柠檬酸处理能有效降低法式炸薯条中丙烯酰胺含量。

4. 减少油炸、焙烤类食品的摄入量

丙烯酰胺是淀粉类食品在油炸、焙烤、微波等高温加工条件下产生的一种有害物质，对人们的健康会产生潜在的影响。我们既要通过改善烹调方法来控制丙烯酰胺的产生，也要采取均衡膳食、减少油炸焙烤类食品的摄入量等措施来减少丙烯酰胺的危害。

表 5-1 常见油炸食品中丙烯酰胺含量

名 称	丙烯酰胺含量(mg/kg)
薯类油炸食品	0.78
谷类油炸食品	0.15
谷类烘烤食品	0.13
大麦茶	0.51
速溶咖啡	0.36
玉米茶	0.27

三、多环芳烃

多环芳烃(简称 PAH)是指含有两个以上苯环的化合物,环与环之间的连接方式有两种。多环芳烃是一类非常重要的环境污染物和化学致癌物。煤、石油、烟草和一些有机化合物的热解或不完全燃烧,会产生一系列多环芳烃化合物,长期接触这类物质可能诱发皮肤癌、肺癌等。

(一) 食品中多环芳烃的形成

(1) 间接污染。肉类在烧烤、烟熏过程中,由于燃料的不完全燃烧,产生大量的 PAH,再通过空气、接触等途径污染食品。

(2) 加工过程中形成。食品成分在高温处理(如煎炸、烧烤等)时,受高温的影响发生裂解与热聚等反应,形成多环芳烃化合物。

图 5-7　饮食中的致癌美食——油炸、烧烤食品

(二) 多环芳烃的危害

由于 PAH 多属于低毒和中等毒,加工过程中产生的 PAH 含量不足以造成急性中毒,因此 PAH 对健康的影响多是慢性损伤的结果。苯并[a]芘是常见的多环芳烃类典型代表,其污染普遍,致癌性最强。苯并[a]芘的化学性质稳

定，在烹调过程中也不易被破坏。它具有强致癌性，可导致胃癌和消化道癌等，它可通过皮肤、呼吸道及被污染的食品等途径进入人体，或沉积于肺泡，或进入血液，并可蓄积于乳腺和脂肪组织中，严重危害人体健康。

表 5-2　常见熏烤食物中苯并[a]芘的含量

食　物	苯并[a]芘的含量(μg/kg)
熏　鱼	1.7～7.5
香肠、腊肉	0.53～1.5
烤羊肉(不滴油)	0.5～8.4
烤羊肉(滴油着火)	4.7～95.5
烤禽肉	26～99
烤鸭	0.57
烤焦的鱼皮	53.6～70
烤肉架上的焦屑	125
直接火烤的肉饼	7.9～50.4

注：引自顾景范等主编的《现代临床营养学》(第二版)，科学出版社，2009。

(三) 预防多环芳烃污染食品的措施

(1) 改进食品加工烹调方法，改良食品烟熏剂，不使食品直接接触炭火熏制、烘烤。或使用熏烟洗净器或冷熏液。

(2) 减少油炸食品的食用量，尽量避免油脂的反复加热使用。

(3) 机械化生产食品要防止润滑油污染食品，或改用食用油作润滑剂。

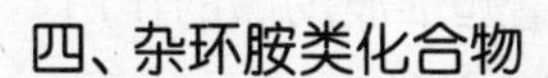

四、杂环胺类化合物

杂环胺是在食品加工、烹调过程中由于蛋白质、氨基酸、肌酸热解产生的一类化合物。目前已发现有20多种杂环胺。杂环胺具有较强的致突变性,而且大多数已被证明可诱发实验动物多种组织肿瘤。目前,杂环胺对食品的污染以及所造成的健康危害已经成为食品安全领域关注的热点问题之一。

(一) 食品中杂环胺的形成

食品中杂环胺形成的前体物氨基酸、肌酸、肌酐等普遍存在于鸡肉、鱼肉、猪肉等肉类食品中,所以几乎所有经过高温加工烹调的肉类食品都可能有致突变性。杂环胺的合成主要受前体物含量、加工温度和时间的影响。肉类在油煎之前添加氨基酸,其杂环胺生成量比不加氨基酸高许多倍;而许多高蛋白低肌酸的食品如动物内脏、牛奶和豆制品等产生杂环胺的数量远低于含有肌酸的肉类食品。在食品加工过程中,加热温度和时间对杂环胺的形成影响很大。煎、炸、烤产生的杂环胺多,而水煮则不产生或产生很少;油煎煮肉时温度从200℃提高到300℃,致突变性可增加约5倍;肉类在200℃油煎时,杂环胺数量在最初的5分钟就已很高。

(二) 杂环胺对人体健康的危害

由于杂环胺普遍存在于肉类食品中,它们与人类癌症病因的关系不容忽视。而且这类食品除在烹调加工过程中形成杂环胺外,还可能产生其他的致癌物质,如亚硝基化合物、多环芳烃等,这些致癌物共同作用就有可能导致人类的肿瘤。因此,即使膳食中的杂环胺含量不足以造成人类肿瘤的发生,但有可能对癌症的发生起推波助澜的作用。

(三) 预防杂环胺污染食品的措施

(1) 改善肉类食品加工烹调方法,尽量避免过多采用煎、炸、烤的方法加工烹调食物,尤其要避免表面烧焦。

(2) 肉类食品在加工烹调之前可先用微波炉预热,以降低致突变性和杂环胺的数量。

(3) 不要吃烘焦的食品,或者可将烧焦部分去除后再吃。

(4) 增加蔬菜、水果的摄入量。膳食纤维有吸附杂环胺类化合物并降低其生物活性的作用。

第四节　食品添加剂

近些年,苏丹红、三聚氰胺、瘦肉精、西瓜膨大剂、塑化剂等非法添加物引发的食品安全问题层出不穷,不断冲击着公众敏感的神经。人们把这些非法添加物等同食品添加剂,视食品添加剂若洪水猛兽,谈之色变。市面上一些宣传无添加、不含防腐剂的食品往往走俏商城。那么,食品添加剂真的有那么可怕吗?它们对人体健康究竟有没有危害?

一、食品添加剂概念

食品添加剂系指为改善食品品质和色、香、味,以及为防腐或根据加工工艺的需要而加入食品中的化学合成或者天然物质,这些物质称为食品添加剂。添加剂既不是食品中原来的成分,也不一定有营养价值,但必须对人体无害,并具有防止食品腐败变质,提高食品质量的作用。若能合理使用,对食品的生产加工和人的健康都有益处。但也必须指出,食品添加剂毕竟不是食品的天然成分,如无限制地使用,也可能引起各种形式的毒性表现。因此,必须对食品添加剂进行严格的卫生管理,发挥其有利作用,防止其不利影响,这是食品卫生工作的一项重要内容。

二、食品添加剂的使用原则

食品添加剂的使用应符合下列要求:

(1) 食品添加剂必须按规定经《食品安全性毒理学评价程序》证明在使用有限范围内对人无害,也不应含有其他有毒杂质,对食品的营养成分不应有破坏作用。

(2) 食品添加剂在进入人体后,最好能参加人体正常物质代谢,或能被正常解毒过程解毒后全部排出体外,或因不能被消化道吸收而全部排出体外。

(3) 食品添加剂在达到一定加工目的后,最好能在以后的加工、烹调过程被破坏或排除,使之不能摄入人体,则更安全。

(4) 食品添加剂应有严格的质量标准,有害杂质不能超过允许限量。

(5) 不得使用食品添加剂来掩盖食品的缺陷或作为伪造的手段。

三、食品添加剂使用范围和剂量

我国批准使用的食品添加剂包括:甜味剂、着色剂、抗氧化剂、发色剂、漂白剂、酸味剂、凝固剂、疏松剂、增稠剂、防腐剂、香料等23类,近200种。同时,食品添加剂也包括天然或人工合成属于天然营养素范围的食品强化剂,如氨基酸、维生素及矿物质类。

甜味剂分人工甜味剂和天然甜味剂两种。我国批准使用的人工甜味剂主要包括糖精钠、环己基氨基磺酸钠(甜蜜素)、天门冬酰苯丙氨酸甲酯(也称甜味素)等;天然甜味剂主要有甜叶菊糖甙、甘草、蔗糖、果糖、葡萄糖等。婴儿食品不能应用糖精钠。

着色剂中包括人工合成色素和天然色素两大类。后者一般较为安全,前者具有一定毒性,有些动物实验证明人工合成色素确实有毒性,甚至有致癌作用。

常用的人工合成色素:红色有苋菜红、胭脂红;黄色有柠檬黄又称肼黄;蓝色有两种,即靛蓝与亮蓝。天然色素是直接来自动植物组织的色素,如姜黄素、虫胶色素、红花黄色素、叶绿素铜钠盐、红曲素、酱色(焦糖)、胡萝卜素、辣椒色素、甜菜红。

我国允许使用的防腐剂有苯甲酸、苯甲酸钠、山梨酸、山梨酸钠和对羟基苯甲酯等。

常用的发色剂有硝酸钠和亚硝酸钠,加入肉制品中,可使肉色鲜红。摄入大量亚硝酸钠,可引起亚硝酸钠中毒。我国规定硝酸钠和亚硝酸钠只能用于肉制品,严格控制剂量。

食用香料可分为天然香料和食用香精两大类。我国常用的天然香料很多,如八角、茴香、花椒、姜、胡椒、薄荷、橙皮、丁香、桂花等,一般对人安全无害。但黄樟素已证明对动物有致癌作用,如果食用量不大,安全性仍无问题。人工食用香精是由多种香精单体配合而成的,如香蕉、橘子和杏仁香精等,因其具有一定毒性,因而要控制人工食用香精的使用。

食品强化剂是指为增强营养成分而加入食品中的天然的或人工合成的属于天然营养素范围的食品添加剂。它分为三大类:第一类为氨基酸类,如L-盐酸赖氨酸,使用范围主要是饼干、面包等。第二类为维生素类,如维生素A、维生素D、维生素E等,使用范围不同,使用的剂量由于品种不同,剂量也不同。第三类为矿物质类,如硫酸亚铁、葡萄糖酸铁等,使用的剂量、范围各不同。加入营养强化剂的食品名称为强化食品,使用食品强化剂必须严格按照国家标准中规定的品种、范围和使用量进行使用。

四、常见禁用的非食品添加剂

食品添加剂本身没有问题,有问题的是添加剂的超量超范围的滥用以及添加了非食品添加剂(非法添加物)。根据有关法律法规,任何单位和个人禁止在食品中使用食品添加剂以外的任何化学物质和其他可能危害人体健康的物质,禁止在农产品种植、养殖、加工、收购、运输中使用违禁药物或其他可能危害人体健康的物质。

常见禁用的非食品添加剂有苏丹红、吊白块、工业用甲醛、连二亚硫酸钠、硼砂、矿物油、孔雀石绿、工业用双氧水、工业用火碱、焦亚硝酸钠、工业石蜡、亚硝酸钠、工业明胶、三聚氰胺、漂白粉、荧光增白剂、工业硫黄、膨大剂、塑化剂以及各类工业染料等。

(1)苏丹红:是一种化学染色剂,有致癌性,对人体的肝肾器官具有明显的毒性作用。不法商贩主要将其用于辣椒粉等辣椒产品(食品)及其他需着色食品中染色、着色、增色、保色或喂养鸭禽炮制红心蛋等。鉴别苏丹红,可以看它是否溶于水,易溶于水,易溶于有机溶剂如氯仿等。

（2）吊白块：工业化学名称为次硫酸氢钠甲醛或甲醛合次硫酸氢钠，俗称“吊白块”。为白色块状或结晶性粉粒，在工业上用作漂白剂。食用掺有吊白块的食品会损坏人体的皮肤黏膜、肾脏、肝脏及中枢神经系统，严重的会导致癌症和畸形病变。食用吊白块后会引起人体过敏、刺激肠道、食物中毒等疾患，严重者影响视力并可能致癌，甚至有生命危险。由于吊白块对食品的漂白、防腐效果明显，价格低廉，因此被不法商家在食品加工中长期使用。不法商贩主要将其用于米面制品中面条、米粉、面食、米粉、粉丝、粉条、豆腐皮、腐竹、红糖、冰糖、荷粉、面粉、竹笋、银耳、牛百叶、血豆腐、海产品等食品中增白、增色、保鲜、增加口感、防腐，使食品外观颜色亮丽，延长食品保质时间和增加韧性，使食品久煮不烂，吃起来爽口。

（3）工业用甲醛：俗称福尔马林，是一种工业漂白剂。不法商贩主要将其用于海参、鱿鱼等干水产品、水产品、水发海产品，以及粉丝、腐竹、面条、啤酒、卤泡、腌泡食品、血制品等食品中，用以强杀菌、防腐、增白、漂白、凝固、定型、改善外观和质地。

（4）硼砂：工业化学名称为硼醋钠，毒性较高，是一种毒化工原料。不法商贩将其用于面条、饺子皮、粽子、糕点、凉粉、凉皮、肉丸等肉制品、腐竹等食品中，用以增筋、强筋、增弹、酥松、鲜嫩、改善口感。

（5）连二亚硫酸钠：连二亚硫酸钠是一种工业强漂白剂，主要用于印染的还原剂和丝、毛织品及纸浆的漂白，其中含有的重金属有可能长期残留在人体内难以排除并致癌。不法商贩将其使用于浸泡食用菌、海带等食品，使食品在本色的基础上更加鲜嫩光亮、晶莹欲滴。

（6）砒霜：砒霜是一种有毒化工原料，化学名为三氧化二砷。不法商贩将其用于泡毛肚等水发产品以增脆、提口感。

（7）矿物油：不法商贩主要将其用于大米、瓜子等食品中"抛光"、增滑、润色。

（8）毛发水：不法商贩主要将其用于勾兑酱油、醋等食品生产加工中。

（9）丰乳膏：不法商贩主要将其用于涂染鸡肉等肉制品，使其肥大鲜嫩、诱眼。

（10）王金黄：王金黄又称块黄，工业化学名称碱性橙。不法商贩主要将其用于染普通鱼，冒充"黄鱼"销售；或者用于腐皮等食品中着色。

（11）洗衣粉：不法商贩主要将其用于油条、油饼、包子、馒头及牛血等米面制品和血制品中膨酥、增大、定型。

（12）医用石膏：不法商贩主要将其用于制作豆腐，节约成本，增加凝固。

（13）溴酸钾：是一种氧化剂、试剂，为致癌物。不法商贩将其用于面粉及其他面制品中增白、强筋、膨松。

（14）敌百虫、敌敌畏：是剧毒有机磷农药。不法商贩主要将其用于火腿、干海产品等水产品中防腐、防臭。

（15）3911：是一种剧毒农药。不法种植户用于韭菜、蒜等蔬菜上灌根，使其长得肥厚、叶宽、个长、色深、保鲜有卖相。

（16）乙烯利：又名催红素，一种有害的化学品。吃了"乙烯利"残留的食品，会干扰人的内分泌系统，也会对肝脏造成直接的损害。不法种植户在未成熟的桃子、山楂、葡萄、草莓、西瓜、猕猴桃、荔枝和西红柿等水果、蔬菜上喷施使用,使水果、蔬菜非自然提前变红或者“成熟”,达到提前上市,也达到膨大、催红、催熟的目的。

(17) 赤霉素:不法种植户在桃子、山楂、葡萄、草莓、西瓜、猕猴桃、荔枝和西红柿等水果、蔬菜上喷施使用,以达到膨大、催红、催熟、增产的目的。

(18) 无根水:无根水是不法商贩用“特效黄豆激素”“特效无根绿豆营养素”“植物生长调节剂”“8503AB”等农药范畴的农肥激素混兑加工豆芽的“肥水”统称,使加工的豆芽粗大、无根或少根有卖相。

(19) 瘦肉精:工业化学名称为盐酸克伦特罗,又名沙丁胺醇,是一种肾上腺类受体神经兴奋剂。人食用了含“瘦肉精”的肉和内脏,会出现头晕、恶心、手脚颤抖、心跳加快,甚至心脏骤停致死的情况,特别对有心律失常、高血压、青光眼、糖尿病和甲状腺功能亢进等疾病的患者危害更大,会造成群体性的恶性食物中毒事故。国家禁止在生猪饲养中添加和使用,一些不法生猪饲养户为使商品猪多长瘦肉少长脂肪,在饲料中添施“瘦肉精”能促进猪的骨骼肌(瘦肉)蛋白质合成和减少脂肪沉积,瘦肉率可明显增加,促使育肥猪在生长的蛋白质合成、脂肪转换和分解过程中谋求猪肉瘦肉率的提高,使猪少吃饲料,加快出栏,从而达到降低饲养成本,增加猪肉瘦肉率。

(20) 孔雀石绿:又名碱性绿、严基块绿、孔雀绿,是一种化学制剂和禁用兽药,为绿色结晶体。食用含有孔雀石绿食品,可致畸、致癌、致突变作用,患膀胱癌等,对人体危害较大。不法商贩主要将其用于活鱼、鱼类产品和罐头产品中延活、杀菌、着色、驱虫、防腐,有“苏丹红第二”之称。

(21) 加丽素红:不法养殖户在鸡饲料里添加了加丽

素红使产下红心鸡蛋。

（22）阿托品：不法肉商在羊等畜禽被屠宰前为其注射阿托品，能使肉质显得鲜亮，还可使羊等畜禽因口渴而大量饮水，使肉水分增加并增加肉重量。

（23）避孕药：国家禁止在食品中添加和使用，不法养殖户给黄鳝等水产品喂避孕药，能使黄鳝等水产品节育变异长得快、长得肥大、成色好。

（24）沥青：是一种化工原料，含有大量致癌物质。不法商贩主要将其用于在畜、禽等肉制品加工中脱毛、拔毛。

（25）松香：是松树科植物中的一种油树脂，有一定毒性。不法商贩主要将其用于在畜、禽等肉制品加工中脱毛、拔毛。

（26）工业盐：工业化学名称为亚硝酸盐或者亚硝酸钠。不法商贩主要将其用于加工肉食品、酱菜、泡菜、腌干等；用于浸泡陈化大米，去除陈旧黄色，然后制成米粉；用于加工腐肉，亚硝酸钠能维持肌肉中的肌红蛋白，产生发色作用，使腐肉重新色泽红润；用于凝固猪血，生产所谓的“血旺”“血豆腐”等。

（27）工业用双氧水：工业化学名称过氧化氢，其纯度高，腐蚀性较强。双氧水分为食品级双氧水和工业级双氧水。国家禁止在食品加工中添加和使用工业用双氧水，不法商贩主要将其用于竹笋、水发产品、水果和腐烂变质肉等食品中膨大、漂白、着色、去臭、防腐，杀菌。

（28）工业石蜡：石蜡含有铅、汞、砷等重金属，人体吸入会导致记忆力下降、贫血等病症。不法商贩主要将其用于食品级塑料包装生产中代替食品级石蜡，以节约成本及润滑，或者用于水果、板栗、核桃、蔬菜中抛光、增相、增色。

（29）亚硝酸钠：是一种防腐剂，毒性大，属于强致癌化学物质。不法商贩主要将其用于卤制品等食品中提色。

（30）工业明胶：不法商贩将其代替食品添加剂明胶用于食品加工中做胶冻剂、乳化剂、增稠剂、澄清剂、搅打剂及黏结剂等。

（31）漂白粉：是一种化工原料，它是强氧化剂，主要成分是次氯酸钙。食品中添加漂白粉将刺激侵蚀胃肠道黏膜，其分解产物氯是腐蚀性很强的有毒气体，能刺激呼吸道和皮肤，引起咳嗽和影响视力。不法商贩将其用于豆芽及米面制品中面条、米粉、粉丝、粉条、小麦面粉、面粉等食品生产加工中杀菌、漂白、增色。

（32）三聚氰胺：是一种有机含氮杂环化合物，含氮高达66%，人称“蛋白精”，是一种有毒的化工原料。人或动物摄入含三聚氰胺的食品或饲料会造成生殖、泌尿系统的损害，可导致膀胱结石、肾结石等尿路结石，并可进一步诱发膀胱癌。

（33）工业硫黄：是一种化工原料，工业硫黄含有铅、硫、砷等有毒物质，而被硫黄熏过的食品如果二氧化硫残留量超标则会危害人体呼吸系统。二氧化硫与食品中的水形成亚硫酸，过量摄入会损害胃肠。不法商贩将其使用或者添加于白砂糖、辣椒、蜜饯、银耳、红枣等食品中漂白、添色、增色、防腐。

（34）膨大剂：化学名称为细胞集动素，属于激素类化学物质。国家禁止在食品加工中添加和使用膨大剂，不法商贩将其使用于浇灌瓜地、喷施水果等，使西瓜及其他水果细胞非正常膨大，同时也能使色泽鲜艳。

图 5-8　使用膨大剂后易裂的西瓜与个型特大的草莓

（35）硝基呋喃类药物：是一类致癌性强的抗生素类化学农药。不法商贩将其使用于鱼、虾等水产品和猪、牛、羊、鸡等畜禽产品中防病、治病和催长促长而在水产和畜禽肉食产品中造成残留。

（36）荧光增白剂：是一种可吸收光线或紫外线而反射蓝白磷光的化学染料，食用荧光增白剂后，可使细胞产生变异，毒性积累在肝脏或其他重要器官从而致癌。不法商贩将其使用于浸泡或者添加加工双孢蘑菇、百灵菇、鸡腿菇、海鲜菇、杏孢菇等食用菌，使食用菌外观更白、更亮，达到食用菌增白、色泽异常鲜亮的效果，有好卖相，同时延长保鲜期。

（37）塑化剂：是一种有毒的化学工业用的塑料软化剂，属无色、无味液体，常作为沙发、汽车座椅、橡胶管、化妆品及玩具的原料，属于工业添加剂。塑化剂的分子结构类似荷尔蒙，被称为“环境荷尔蒙”，若长期食用可能引起生殖系统异常，甚至造成畸胎、癌症的危险。不法商贩用其替代棕榈油配制的有毒起云剂，用于食品中产生的增稠效果，曾在茶饮料类（红茶、绿茶、奶茶、冬瓜茶、乌龙茶）、果汁类（百香果、葡萄柚、水蜜桃、荔枝、苹果、杨桃汁）、运动饮料、果浆果酱类、白酒、方便面、各类面包与蛋糕等食品中发现。

此外，常见禁用的非食品添加剂还包括非食用蛋白水解液、废弃食用油脂、富马酸二甲酯、β-内酰胺酶、革皮水解物、工业酒精、馅料原料漂白剂、磷化铝、工业氯化镁、镇静剂、抗生素残渣、磺胺二甲嘧啶、碱性黄、喹乙醇、五氯酚钠、水玻璃、喹诺酮类等。

第五节 食品容器、包装材料的卫生和安全

食品容器、包装材料是指包装、盛放食品用的纸、竹、木、金属、搪瓷、陶瓷、塑料、橡胶、天然纤维、化学纤维、玻璃等制品和接触食品的涂料。随着化学工业和食品工业的发展，新的包装材料越来越多，其中的有害物质有可能向食品迁移。

一、用布、纸等传统材质制成的食品包装材料

用于食品包装的包装纸，主要是防止再生纸对食品的细菌、病毒的污染和回收废品纸张污染的化学物质残留在包装纸上对食品造成污染。使用石蜡制作的浸蜡包装纸必须符合食品添加剂的标准，控制其中多环芳羟含量。许多包装纸箱也存在卫生问题，有的用来盛装水果等食品的包装箱质量低劣，原材料来源复杂，有的甚至是包装过剧毒化学药品的废弃包装箱经过再生利用的制成品，这种包装纸箱对人的身体危害极大。有油墨的报纸、广告彩色纸因含铅，不得用于包装直接入口的食品。

二、金属和含有金属盐或金属氧化物的搪瓷、陶瓷等容器

铝制品包装材料对食品卫生的危害主要是铸铝中的杂质金属和回收铝中的杂质,禁止用回收铝制造食品容器。对成品限制溶出物的杂质金属有锌、铅、镉、砷等重金属。陶瓷瓷釉中加入铅盐可降低熔点,容易烧结,但铅盐也会渗透到食品中。含铅较多的陶瓷食品容器有时可因铅溶出量过多而导致人的食物中毒。接触食品面上的彩料有的因不再烧釉上彩而容易脱落,并给人身体造成危害。

三、用高分子化合物制成的食品包装材料

其主要特点是分子量越大,越难溶、化学反应越趋于惰性,因而毒性越弱。一般来说,充分聚合的高分子化合物本身难以移行到食品中,而且毒性并不成问题。但是在一些低分子化合物的塑料制品中,却含有未参与聚合的游离单体、聚合不充分的低聚合度化合物、添加剂或加工过程中残留的化学处理剂、低分子降解产物,使用这些低分子化合物制成的食品容器、包装材料有可能会对食品产生毒性。目前,在我们的日常生活中经常会见到以下几种盛装食品的塑料制品。

(1) 聚乙烯、聚丙烯制品:用于食品包装,潜在的最大危害是再生制品。由于原材料制造、原料来源、回收途径复杂,难以保证洗净原料上的残留物,有的因废品变色而再生时会加入大量深色颜料掩盖,故再生制品应禁止用于食品的包装。目前使用再生制品包装食品现象还普遍存在,比如用于分割肉、水产品、调理食品等食品的包装,此种现象

应引起检验检疫工作者高度重视。

(2) 聚苯乙烯制品：是苯乙烯的均聚物。与食品有关的聚苯乙烯,无色透明、较脆、无弹性。常见的有透明小餐具盒,或食品包装用的覆盖薄膜。发泡聚苯乙烯用于食品容器的主要是低发泡的薄膜聚苯乙烯制品,多数加工成一次性餐具。

(3) 聚氯乙烯制品：由氯乙烯聚合而成。聚氯乙烯是当前工业产量最大的塑料品种,曾经被大量用于食品包装材料,聚氯乙烯分子中有氯,使它有很多与其他塑料不同的特点,它于高温下分解出盐酸,因此纯聚氯乙烯树脂较硬脆,热塑成型时必须加入稳定剂,防止热分解。聚氯乙烯与低分子化合物的相容性远远超过聚乙烯、聚丙烯,因而可加入多种辅助原料和添加剂。聚氯乙烯树脂本身无毒,主要危害在于单体和品种复杂的添加剂。已知氯乙烯单体对人有致癌和致畸作用,它在肝脏中可形成氧化氯乙烯,具有强烈的烷化作用,因此绝对不能用于制作食品包装材料。

(4) 脲醛和三聚氰胺甲醛塑料制品：制成的食品包装材料,质地坚硬美观,耐高温120℃,其中含有游离甲醛,由于甲醛是细胞原浆毒,危害很大,因此卫生指标主要是检测甲醛溶出量。

(5) 聚偏二氯乙烯塑料制品：有的用来做肠衣,国外有的限定溶出物单体含量不超过0.05mg/kg。这种塑料也使用增塑剂和稳定剂,对其溶出量的限制与聚氯乙烯一样。

各类食品的安全与采购
——安全饮食的保障

第一节　食品安全采购需重点把握的几个问题

食品是人人每天都要消费的东西。其他任何东西都可以不买,可是,食品是必须要买的。在现代工业化商品时代,问题食品无孔不入,不法厂商造假售假、以次充好的事件时有发生,为了将所需要的食品买回家食用安全,需要注意以下几点。

一、注意销售单位的资质

尽量选择有固定销售场所的商贩,少买路边食品。在固定场所,一般都会按照执法部门的要求办理营业执照与卫生许可证,消费者容易追责,商贩有一定的责任心,制假售假会有所顾忌,场地出租单位也会与商贩签订责任书,执法部门还会定期上门执法。

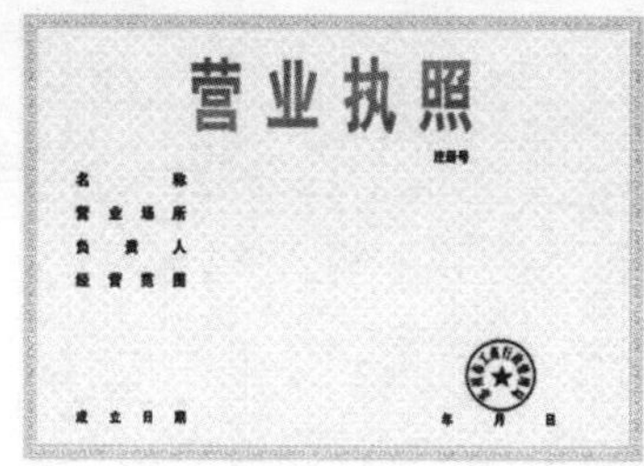

营业执照

注册号

名　　称

营业场所

负 责 人

经营范围

成立日期　　　　年　月　日

食品流通许可证

许可证编号：

名　　称：北京某某某

经营场所：北京某某某

负 责 人：北京某某某

主体类型：北京某某某

许可范围：北京某某某

发证机关：

2011年　2月

有效期限：自　年　2月　日至　年　2月　2日

图 6-1　营业执照与卫生许可证

二、外形过于好看的食品或原料要小心

任何食品或原料，都有它固有的色、香、形、味，出现颜色、软硬、弹性、香气等感官性状过分“好”的，要慎重购买和食用。这几年来出现的食品安全事件中，就有不少是不法分子利用消费者心理需求，将苏丹红、吊白块、孔雀石绿、甲醛等化学物质加进食品中，消费者购买这样的食品时也就将这些添加物无意中“带回”了家。

含苏丹红的红心鸭蛋

含孔雀石绿的鲑鱼

图 6-2　外观特好的食品

三、品种选择切忌猎奇

许多消费者绞尽脑汁去吃一些平时不经常吃的东西，

以求换换口味，尤其以一些野味为多。如吃一些猫肉、鼠肉、蛇肉或其他一些野生动物肉，这些野味不是常见的肉类食物，其品质不在有关机构的检测范围之内，携带了哪些疾病、寄生虫等消费者都不得而知，安全隐患非常大。当年"非典"的流行可能与果子狸有关。另外许多野生植物（特别是野生蘑菇）有毒，不认识的一定不要购买与食用。

图 6-3　色彩鲜艳的有毒蘑菇

四、食品价格过低要当心

"天下熙熙，皆为利来。"与同类食品相比，价格过低，定有猫腻。如陈化粮大米抛光加蜡，劣质面粉加漂白剂增白等。

五、购买食品时要索要发票、小票等购物凭证

购买食品时要索要发票、小票等购物凭证，以防出现问题后作为申诉、举报、维权的依据。这是在消费一切商品所应该做到的最基本要求。一定要切记。

六、购买熟食要看销售环境

销售荤熟食的场所要配空调，温度不超25℃，销售人员戴帽、口罩、手套，挂健康证。采购回家的熟食以当餐消费为主，尽量不要存放过夜。

七、购买定型包装食品时

要注意食品的生产日期、保质期、生产单位等包装标注是否清楚、是否过期，是否有QS标识，包装表面是否整齐光洁，有无破损。凡真空包装食品出现漏气、胀袋等现象，罐头出现鼓盖现象，干货、调味品出现霉变、生虫现象，不可购买、食用。

八、购买散装食品时

要注意选择在盛放食品容器的显著位置或隔离罩上有标签标注，并且标签标注齐全、规范，保质期、生产日期标注真实，有防尘设施的散装食品；对于想购买直接入口的散装食品，应要求专销人员称取，切勿直接动手。必要时，查看该批散装食品的检验合格证或者化验单。

第二节　如何看懂食品标签

食品标签是指预包装食品容器上的文字、图形、符号，以及一切说明物。食品标签不仅可以引导、指导我们选购食品，也是生产商的法律承诺与我们维权的重要内容，国家标准《预包装食品标签通则》对它有相应的规定。作为普通消费者,我们该如何读懂食品标签?

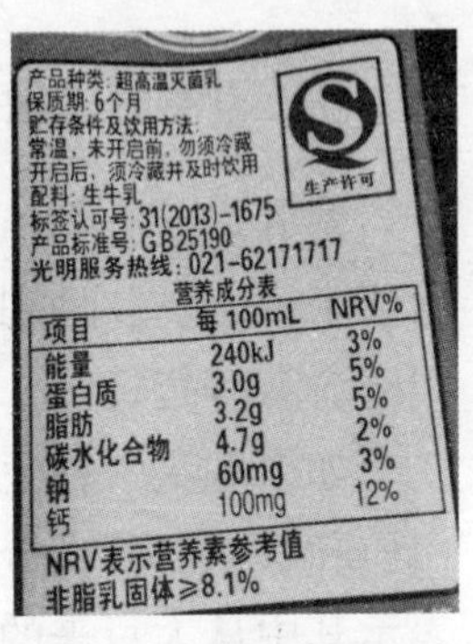

图6-4　鲜奶的食品标签

一、看食品类别

标签上会标明食品的类别。类别的名称是国家许可的规范名称,能反映出食品的本质。

看到一盒饮料上注明“超高温灭菌乳”,它清楚表明是一种牛奶产品,同时还告诉你生产工艺。如果看见标签上的“食品类别”项目注明“调味牛奶”,这是在牛奶当中加了点咖啡和糖,而不是水里面加了糖、增稠剂、咖啡和少量牛奶。

二、看配料表

食品的营养品质,本质上取决于原料及其比例。按法规要求,含量最大的原料应当排在第一位,最少的原料排在最后一位。

某麦片产品的配料表上写着“米粉、蔗糖、麦芽糊精、燕麦、核桃……”说明其中的米粉含量最高。

三、看食品添加剂

按国家标准,食品中所使用的所有食品添加剂都必须注明在配料表中。通常我们会看到“食品添加剂:”或“食品添加剂( )”的字样,而冒号后面或括号里面的内容就是食品添加剂。

四、看营养素含量

营养素是人们追求的重要目标。而对于以口感取胜的食物来说，也要小心其中的热量、脂肪、饱和脂肪酸、钠和胆固醇含量等指标。

如果购买一种豆浆粉产品，显然是为了获得其中的蛋白质和其他营养成分。那么，通常蛋白质含量越高的产品，表示其中从大豆来的成分越多，健康作用也就更强。

五、看产品重量、净含量或固形物含量

有些产品看起来可能便宜，但如果按照净含量来算，很可能会比其他同类产品昂贵。两种面包体积差不多大。但一个净含量是 120 g，另一个是 160 g。实际上，前者可能只是发酵后更为蓬松，但从营养总量来说，显然后者更为合算。

六、看生产日期和保质期

保质期指可以保证产品出厂时具备的应有品质，过期品质有所下降，但很可能仍然能够安全食用；保存期或最后食用期限则表示过了这个日期便不能保障食用的安全性。

七、看认证标志

很多食品的包装上有各种质量认证标志，比如有机食品标志、绿色食品标志、无公害食品标志、QS 标志等，还有市场准入证明。这些标志代表着产品的安全品质和管理质量，消费者可以在网上查询其具体意义。在同等情况下，最好能够优先选择有认证的产品。

1. QS 标志

QS 标志并非认证标志,不是对产品质量的认证,而是企业获得某种产品生产许可的标志。QS 标志是“企业食品生产许可”的拼音“Qiyeshipin Shengchanxuke”的缩写,标志主色为蓝色,字母“Q”与“生产许可”四个中文字样为蓝色,字母“S”为白色。没有食品市场准入标志的,不得出厂销售。

旧版样式

新版样式

图 6-5 食品包装上 QS 标志的新、旧样式

2. 无公害农产品

无公害农产品是指生产地的环境、生产过程和产品质量符合一定标准和规范要求,并经过认证合格,获得认证证书,允许使用无公害农产品标志的没有经过加工或者经过初加工的食用农副产品。按照国家规定,无公害农副产品是中国普通农副产品的质量水平。

图 6-6 食品包装上无公害农产品标识

无公害农副产品的质量指标主要包括两个方面,就是产品中重金属含量和农药(兽药)残留量要符合规定的标准。

3. 绿色食品

绿色食品是真正的安全食品，就是指无农药残留、无污染、无公害、无激素的安全、优质、营养类食品。比无公害农副产品要求更严、食品安全程度更高，并且是按照特定的生产方式生产，经过专门的认证机构认定、许可使用绿色食品商标标志的安全食品。“绿色蔬菜”认证有效期为 3 年，那么这个标签的有效期已过，即不允许再以“绿色蔬菜”具名出售。

绿色食品又分为 A 级和 AA 级两大类。

A 级：生产过程严格按照绿色食品的生产准则、限量使用限定的化学肥料和化学农药，产品质量符合 A 级绿色食品的标准。AA 级：生产地环境与 A 级同，生产过程中不使用化学合成的肥料、农药、兽药，以及政府禁止使用的激素、食品添加剂、饲料添加剂和其他有害环境和人体健康的物质。其产品符合 AA 级绿色食品标准。

A级绿色食品标志

AA级绿色食品标志

图 6-7　食品包装上绿色食品标识

4. 有机食品

有机食品是安全食品中最高档、最安全、价格最高的安全食品，须经有机农产品颁证机构颁发证书。有机农业是一种完全不用人工合成的肥料、农药、生长调节剂和饲料添加剂的生产体系。有机食品在数量上亦进行严格控制，要求定地块、定产量进行生产，目前国内生产有机食品的企业非常少，产品主要销往国外。有机食品需要符合以下条件：原料必须来自于已建立的有机农业生产体系，或采用有机方式采集的野生天然产品；产品在整个生产过程中严格遵循有机食品的加工、包装、储藏、运输标准；生产者在有机食品生产和流通过程中，有完善的质量控制和跟踪审查体系，有完整的生产和销售纪录档案；必须通过独立的有机食品认证机构认证。因此，有机食品是一类真正源于自然、富营养、高品质的环保型安全食品。

图6-8　食品包装上有机食品标识

5. 保健食品

保健食品为天蓝色图案，下有保健食品字样，俗称"蓝帽子"。保健品的批准文号是"国食健字××××××××"，由国家食品药品监督管理局批准。保健食品是食品的一个种类，具有一般食品的共性，能调节人体的功能，适于特定人群食用，但不能治疗疾病。必须强调，保健食品姓"食"，不姓"药"，不要相信"疗效""速效"的字样。药品对人的疾病有治疗作用，而保健食品是对那些已经失去健康、

图6-9　食品包装上保健食品标识

还没有疾病的人群起一个辅助调节作用。任何一个药品都不能长期食用,因为它都有一定的毒副作用;而保健食品绝不允许有毒副作用,可以长期食用。

第三节 如何看待转基因食品及其选购

一、转基因食品的现状

转基因食品是以转基因生物为原料加工生产的食品。世界上最早的转基因食品诞生于 1993 年,是一种可以延迟成熟的西红柿;到了 1996 年,由其制造的番茄酱才得以允许在超市出售。目前国外批准的商业化的转基因农作物有 18 类:大豆、玉米、棉花、油菜、番茄、西葫芦、番木瓜、甜菜、亚麻、马铃薯、水稻、小麦、烟草、杨树、苜蓿、康乃馨、菊桔等。我国批准进口用作加工原料的转基因作物有大豆、玉米、油菜、棉花和甜菜。国内超过一半的油脂消费都是大豆油,90% 的大豆油原料为转基因大豆。还有不少“隐性”转基因食品,其实使用了转基因农产品制成的食品也是转基因产品。

二、转基因食品的安全性

转基因食品虽然已经出现近 20 年,但关于它食用的安全性依然在争论。目前正式研究还没有报告转基因食品对人体健康的危害。美国是推行转基因食物的大国,种植面积超过全球的 2/3,食用转基因食物超过 10 年,没发现任何安全问题。我国食用转基因食物也有近 10 年,目前也确实没有发现有人食用而出现什么身体不适的情况。

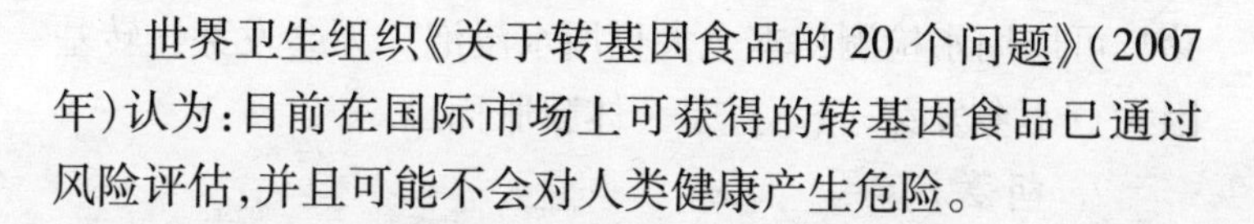

世界卫生组织《关于转基因食品的 20 个问题》(2007年)认为:目前在国际市场上可获得的转基因食品已通过风险评估,并且可能不会对人类健康产生危险。

三、转基因食品的选购

根据卫生部颁布的《转基因食品卫生管理办法》,食品产品中含有转基因成分的,要在包装上标明"转基因标识"。标识的方法分为 3 种,以转基因大豆为例:转基因大豆在进口时应在外包装上注明"转基因大豆";进口经加工为豆油后,应注明"转基因大豆加工品";如果某面食的加工中使用了转基因豆油,但制成品中已检测不出转基因成分,仍要注明"本产品加工原料中含有转基因豆油,但本产品中已不含有转基因成分"。目前我国转基因食品标识制度还有待规范和完善,转基因食品的推广和销售要建立在充分的信息公开和尊重消费者选择权的基础上。

转基因蔬菜一般具备的特征如下:① 没有传统蔬菜参差不齐的外形,普遍个头均匀,型大体长,色泽光艳,质地鲜嫩,如黄瓜、茄子、丝瓜、洋葱等;② 非传统原始地道的味道,无论是烹调前或烹调后的气味还是滋味,都与传统蔬菜有明显的区别,如甜椒等;③ 非当地时令菜蔬,各类蔬菜的一大特性就是均具备很强的季节性和地域性,有部分非当地时令菜蔬并非依靠外地长时间保鲜和运输而来,而是靠转置耐寒或耐高温基因所得。

1. 大豆

转基因大豆与非转基因大豆的外形主要区别为豆脐,黑龙江地产大豆豆脐呈浅黄色,进口转基因大豆豆脐呈黄褐色,俗称"黑脐豆"。简单的检验方法:转基因大豆不发芽！可以用水检测！本土大豆用水浸泡3天会发芽！转基因大豆不会发芽，只不过是个体膨胀而已。

2. 胡萝卜

(1) 非转基因胡萝卜：表面凸凹不平，一般不太直，从头部到尾部是从粗到细的。且头部是往外凸出来的。

(3) 转基因胡萝卜：表面相对较光滑，一般是直的，它的尾部有时比中间还粗。且头部是往内凹的。

值得注意，胡萝卜只有在秋冬季节有，夏季的一般是转基因的。

3. 土豆

(1) 非转基因土豆：样子比较难看，一般颜色比较深，表面坑坑洼洼的，同时表皮颜色不规则，削皮之后，其表面颜色很快会变深，皮内为白色。

(2) 转基因土豆：表面光滑，坑坑洼洼很浅，颜色比较淡。削皮之后，其表面无明显变化。

检验方法：先削皮后看变化再决定吃不吃。

4. 玉米

转基因玉米甜脆、饱满、外形优美、头尾颗粒差不多。

5. 大米

在中国取得转基因大米合法种植权的地区是湖北。其细长很亮的米容易与东北的“长粒香”混淆，买的时候要看清原产地。

6. 番茄

转基因番茄颜色鲜红，很好看，皮厚，果实较硬，不易裂果。

7. 进口水果

一般来说，在标签的最下方印有出口国的名称，中间的英文字母标明水果的名称,最上方的英文字母标识的是出口企业的名称。在每个标签的中间一般有4位阿拉伯数字:3字开头的表示喷过农药;4字开头的表示是转基因水果;5字开头的表示是杂交水果。

第四节　谷类食品的卫生问题与安全采购

一、谷类食品的安全问题

(1) 霉菌及其毒素、“工业三废”(废水、废气、废渣)和农药对食品的污染。

(2) 粮食中的有害种子。主要有麦翁仙籽、槐籽和毛果洋茉莉籽等。这些有害种子含有毒成分,可引起急性中毒,主要表现为头昏、头痛、无力和呕吐,有时出现痉挛。

(3) 粮食仓库害虫。世界上已发现的粮食仓储害虫有300多种,我国有50余种,如甲虫、螨类及蛾类。当库温达18℃~21℃和相对湿度达65%以上时,均易繁殖。

二、谷类的安全选购

1. 大米的安全选购

(1) 正常大米应洁白透明,色泽明亮、白净,腹白(白斑)的色泽也正常;而陈米的颜色偏黄,表面有白道纹,甚至会出现灰粉状。

(2) 正常大米的硬度较大,这是因为一般大米的硬度主要是由蛋白质决定的,正常大米的蛋白质含量高,硬度大且透明度也高;陈米中的蛋白质含量相对较少,含水量高,透明度低,且米的腹白较大,腹部不透明。

（3）正常大米有米的清香味；而陈米闻起来则会有霉味或是虫蛀味等其他不良气味。

2. 面粉的安全选购

（1）优质面粉色泽白净；标准面粉颜色则呈淡黄色；劣质面粉多呈现深色。

（2）优质面粉的气味正常还略带香味；劣质面粉则会有酸苦味、霉味、土腥味等异味。

（3）将面粉放在手心里捻，如感觉绵软，则为优质面粉；如感觉较涩或过分光滑，则为劣质面粉，说明面粉中可能添加了一些物质。

（4）抓一把面粉用手使劲捏，松手后，若是面粉也随之散开则说明为优质面粉；若是面粉不散开，则说明含水量较高，为次质面粉。

3. 挂面、方便面的安全选购

挂面的色泽、气味应正常，且无霉味、酸味及其他异味；花色挂面应具有添加辅料的特色和气味。煮熟后不糊、不浑汤，口感不黏，柔软爽口，自然断条率不超过10%。

近几年来，我国方便面的品种和产量迅速上升，食用面广，采购时要注意几个问题：

（1）方便面不宜存放过久，不要采购超过保质期的产品。

（2）色泽应呈均匀的乳白色或淡黄色，无焦、生现象，外形整齐。

（3）滋味和气味正常，无霉味、哈喇味及其他异味。

（4）面条复水后无明显断条、并条现象。

三、市场上常见问题谷类产品

1. 常见问题大米

（1）陈化粮：陈化粮是指长期（3 年以上）储藏，其黄曲霉菌超标，已不能直接作为口粮的粮食。国家规定，陈化粮只能向特定的饲料加工和酿造企业定向销售，并严格按规定进行使用，倒卖、平价转让、擅自改变使用用途的行为都是违法行为。食用陈化粮对市民的危害不仅仅是其本身所含有的黄曲霉毒，因为陈化粮米粒泛黄，直接生产出来的米粉不为市民所接受，于是米粉生产者又加入了另一种致癌物质甲醛（俗称吊白块）。

（2）抛光大米：目前，国内大型大米生产企业在加工精米过程中，一般都要经过低温烘干、除尘、除石、砻谷、碾米、磁选、色选等数十道工序，其最后一道工序就是抛光。为了大米的外观、储存性和制成米饭的口感，人们通过“抛光”工序去掉这部分糠粉。适当的抛光能使米粒表面呈现一定亮光，商品价值提高，但营养价值反而被“抛光”降低。更有一些不法商贩为了销售陈米，非法添加化学物质进行抛光处理，抛光后晶莹剔透、光鲜亮丽的大米却是“毒大米”。大米中 60% ~ 70% 的维生素、矿物质和大量人体必需的氨基酸都聚积在外层组织中，这些营养成分已在抛光加工过程中有所损失。

经过初加工没有抛光的大米有一层白色的粉末，看上去颜色不均匀，大约 30% 带有胚芽，米头含淡黄色的不完全的颗粒。而经过抛光的大米则看上去呈现均匀的半透明色，美观了很多。至于“N 次抛光米”，不但看不出来，连闻也闻不出有何异样，只有靠“洗”和“煮”鉴别。一般没有抛光或只经过一次抛光的米,洗第一次时会有米浆;而经过二次以上抛光的米,第一次洗米时水都是比较清澈的。另外,一般的米煮成饭后很难再煮成粥,最多也只能煮成米和水明显分开的稀饭;而二次抛光的米更容易煮烂,在煮成饭后只要再添点儿水,很快就可以煮成粥了。

(3) 香精大米:天然香米是淡淡的清香,而加了香精的米闻起来香味强烈,用手一摸,手上还会留下强烈的香味。

(4) 矿物油毒大米:霉变大米色泽发黄、表面粗糙、易碎,霉变严重者呈褐黑色,有异味。这些大米经去皮、漂白、抛光、添加矿物油等处理后,米粒细碎、有油腻感,仍有轻微的霉味。

(5) 染色米:市场上染色米形形色色,有染色黑米、染色红米、染色小米等。鉴别方法:有色米的米心是白色的,但经过染色的米,米心也会有颜色渗透进去;正常的有色米清洗时会轻微掉色,但如果掉色严重,就有可能是染色米。

对染色黑米的鉴别,黑米水遇到碱性物质就会变成绿色,遇到酸性就会变成深红色。如果对买回来的黑米有疑问的话,可以用醋试验。因为醋是酸性的,如果黑米水遇到醋酸起化学反应、变色,则肯定为染料所致。

2. 常见问题面粉

(1) 荧光粉面粉:是指用荧光剂对面粉进行漂白。荧光粉又称荧光增白剂,其增白作用主要靠反光作用产生,对人体十分有害。

(2) 吊白块面粉:在面粉的加工过程中加入吊白块,可提高面粉的感官效果,但吊白块是致癌物质之一。

(3) 亚氯酸钠面粉:亚氯酸钠是一种白色粉末,加在黄色面粉中对其进行增白,漂白后的面粉能蒸出又白又亮的

馒头，生产的面条色泽也很好。

(4) 硫黄面粉：硫黄在高温下能形成二氧化硫，具有漂白作用，被硫黄熏蒸后的面粉或馒头表皮白亮，非常好看。但二氧化硫会伤害神经系统、心脏、肾脏等功能。

3. 常见问题谷物制品

(1) 硫黄馒头：为了改善馒头的外观，民间以及一些商家会在蒸笼里放一小块硫黄，这样蒸出的馒头比正常馒头洁白，保存期延长，但有酸味。硫黄馒头会破坏维生素 B_1，影响人体对钙的吸收。同时，硫与氧发生反应，产生二氧化硫，遇水而产生亚硫酸，亚硫酸对胃有刺激作用。此外，工业硫黄含铅、汞等重金属也会污染馒头。

(2) 洗衣粉油条：用洗衣粉为发酵剂，炸出来的油条又粗、又脆，里面很白。但是，食用后会出现不同程度的中毒现象。

(3) 硼砂面条：在面粉里掺入硼砂制成的面条即为硼砂面条。硼砂可延长面条的保质期，改善面条的口感，使面条更加筋道。我国已明令禁止将硼砂作为食品添加剂。硼砂会刺激胃酸分泌，严重的会出现恶心、呕吐、腹泻等症状。

(4) 荧光粉制品：就是用含荧光粉的面粉制成的面条、馒头等制品。

第五节　如何选购安全卫生的食用油

一、食用油的卫生问题

(1) 食用油脂的酸败：油脂储藏过程中油脂出现氧化、酸败，导致酸价和过氧化值升高。酸败油脂对人体危害巨大,包括中毒、肝脏肿大、影响生育功能等,并有明显的致癌作用。

(2) 黄曲霉毒素污染:油料作物在种植、收割、储藏过程中带入的黄曲霉毒素(如花生油等)。

(3) 油料作物自身含有的毒素污染:如硫苷、恶唑烷硫酮(菜籽油)、棉酚(棉籽油)、苯并芘(椰子油)等天然毒素;另外,一些脂肪酸,如菜籽油中的芥酸、棉籽油中的环丙烷酸也是食用油面临的安全问题。毛油含这类毒素最高。

(4) 农药与重金属污染:在种植过程中,施用的农药与土壤水体中重金属会在油料作物体内累积,并进入食用油中;加工过程中生产设备中的重金属也会迁移进入食用油。

(5) 加工带来的苯并芘、反式脂肪酸以及浸出毛油中的溶剂超标问题。

(6) 非法添加或掺假问题:非法添加是近年来导致食品安全事件的主要原因,食用油中同样存在非法添加问题,如过量添加 BHT/BHA/TBHQ 等抗氧化剂、煎炸过程使用的硅酮(消泡剂)、羟基硬脂酸三酰甘油(结晶抑制剂);非法添加非食用香精、色素以及工业用油(如地沟油)等违禁添加物。

二、食用油脂的安全采购

在我国市场上,食用油主要是指植物油和动物油。常见的食用植物油有大豆油、菜籽油、花生油、葵花籽油、棉籽油、棕榈油、椰子油、玉米胚芽油、茶籽油、芝麻油、米糠油、橄榄油、亚麻油、红花籽油、核桃油、葡萄籽油、小麦胚芽油等;常见的食用动物油有猪油、牛油等。

食用植物油的制取分别为压榨法和浸出法。压榨法是用物理压榨方式,借助机械外力的作用从油料中榨油的方法。浸出法是应用固液萃取的化工原理,用食用级溶剂从油料中抽提出油脂的一种方法,经过对油料的接触(浸泡或喷淋),使油料中油脂被萃取出来,多采用预榨饼后再浸提。压榨油和浸出油都需经过化学精炼才能成为可食用的成品油。只经过压榨或浸出这第一步加工工艺得到的油叫毛油,毛油是不能吃的。

食用植物油按其精制程度一般分为:二级油、一级油、高级烹饪油和色拉油 4 个等级。二级油颜色深、油烟大、酸价高,是我国正在淘汰的油品;一级油虽比二级油好,但色泽黄、油烟大,对健康有负面影响;高级烹调油用两种植物油调配而成,特点是颜色淡黄、酸价低,加热至 200℃也不冒烟;而食用色拉油比烹调油颜色更浅,油烟更少,一年四季都能直接食用。

食用油的质量主要表现:色泽、气味、透明度、滋味。

色泽:品质好的豆油为深黄色,一般的为淡黄色;菜籽油为黄中带点绿或金黄色;花生油为淡黄色或浅橙色;棉籽油为淡黄色。

气味:用手指沾一点油,抹在手掌心,搓后闻其气味,品质好的油,应视品种的不同具有各自的油味,不应有其他的异味。

透明度:透明度高,水分杂质少,质量就好。好的植物油,经静置 24 小时后,应该是清晰透明、不混浊、无沉淀、无悬浮物。

滋味:用筷子沾上一点油放入嘴里,不应有苦涩、焦臭、酸败的异味。

值得注意的是,这些食用油里面总有“因油而异”的个别情况。色拉油应是清澈透明、无色或淡黄色，花生油、豆油、菜油等呈半透明的淡黄色至橙黄色，麻油则是橙黄色或棕色。大豆、菜籽、花生仁、芝麻等经初步处理得到的是毛油，色泽深、浑浊、不宜食用，如果植物油透明度差、黏度变大、有气泡，常是变质的象征。花生油在冬天低温时会凝固成不透明状，这是正常现象，鉴别时应有所区别。

三、常见的问题油脂——地沟油

地沟油，泛指在生活中存在的各类劣质油，如回收的食用油、反复使用的炸油等。地沟油最大来源为城市大型饭店下水道的隔油池。地沟油是质量极差、极不卫生，过氧化值、酸价、水分严重超标的非食用油。它含有毒素，流向江河会造成水体营养化；一旦食用，则会破坏白血球和消化道黏膜，引起食物中毒，甚至致癌。

图 6-10 “泔水油”

“过菜油”之一的炸货油在高温状态下长期反复使用，与空气中的氧接触，发生水解、氧化、聚合等复杂反应，致使油黏度增加，色泽加深，过氧化值升高，并产生一些挥发物

及醛、酮、内酯等有刺激性气味的物质，这些物质具有致癌作用。

“泔水油”中的主要危害物——黄曲霉素的毒性是砒霜的100倍。

地沟油的检测要由专业技术机构来做，对感官、水分含量、酸价、过氧化值、羰基价、碘值、金属污染、电导率和钠离子含量等进行测定。对于消费者个人来说，有以下几种识别方法：

一看：看透明度，纯净的植物油呈透明状，在生产过程中由于混入了碱脂、蜡质、杂质等物，透明度会下降；看色泽，纯净的油为无色，在生产过程中由于油料中的色素溶于油中，油才会带色；看沉淀物，其主要成分是杂质。

二闻：每种油都有各自独特的气味。可以在手掌上滴一两滴油，双手合拢摩擦，发热时仔细闻其气味。有异味的油，说明质量有问题；有臭味的很可能就是地沟油；若有矿物油的气味更不能买。

三尝：用筷子取一滴油，仔细品尝其味道。口感带酸味的油是不合格产品，有焦苦味的油已发生酸败，有异味的油可能是“地沟油”。

四听：取油层底部的油一两滴，涂在易燃的纸片上，点燃并听其响声。燃烧正常无响声的是合格产品；燃烧不正常且发出“吱吱”声音的，水分超标，是不合格产品；燃烧时发出“噼叭”爆炸声的，表明油的含水量严重超标，而且有可能是掺假产品，绝对不能购买。

五问：问商家的进货渠道，必要时索要进货发票或查看当地食品卫生监督部门抽样检测报告。此外，食用油有一定成本，如果油的价格太低，就很可能有问题。

第六节 如何辨别安全卫生的肉类食品

一、肉类食品的卫生问题

(1) 腐败变质。

(2) 常见人畜共患传染病有炭疽、结核、布氏杆菌病和口蹄疫等。有些牲畜疾病,如猪瘟、猪丹毒,虽不感染人,但当牲畜患病后,可继发沙门菌感染,从而引起食物中毒。

(3) 常见人畜共患寄生虫病,如囊虫病、旋毛虫病。

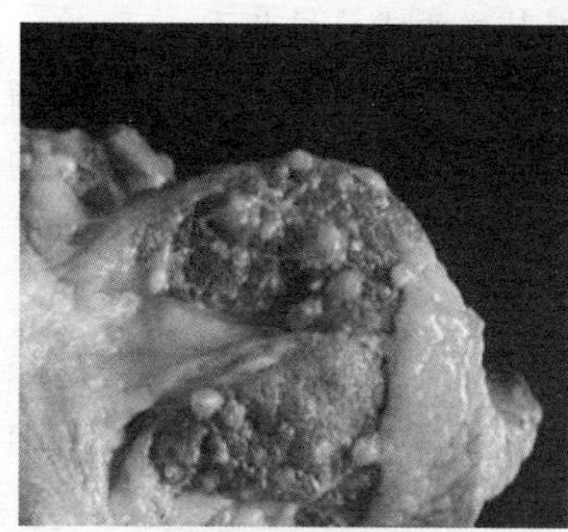
猪囊虫病猪肉

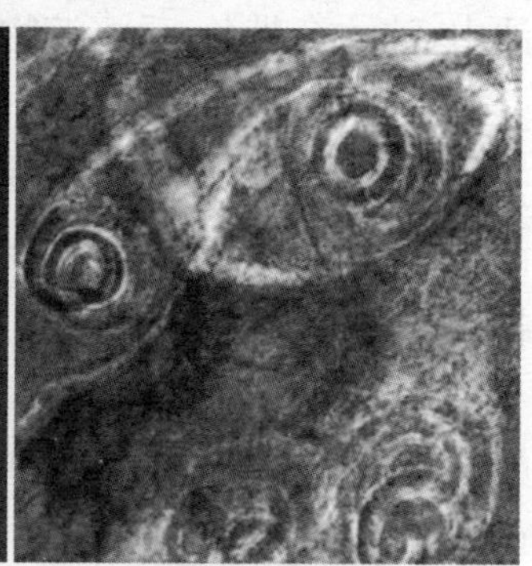
旋毛虫病猪肉压片

图 6-11 常见人畜共患寄生虫病猪肉

(4) 兽药残留及工、农业污染。

二、肉类食品的安全采购

(一) 肉类

(1) 查验产地兽医检疫合格证或屠宰加工厂或定点屠宰厂兽医检验合格印讫。

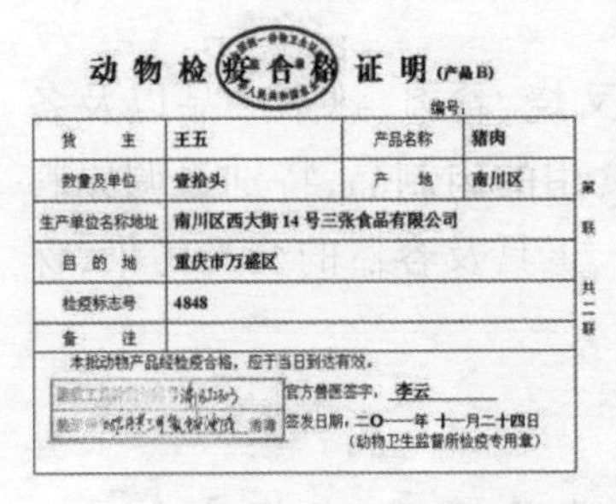

动物检疫合格证明(产品B)

编号：

货主	王五	产品名称	猪肉
数量及单位	壹拾头	产地	南川区
生产单位名称地址	南川区西大街14号三张食品有限公司		
目的地	重庆市万盛区		
检疫标志号	4848		
备注			

本批动物产品经检疫合格，应于当日到达有效。

官方兽医签字：李云

签发日期：二〇一一年十一月二十四日

（动物卫生监督所检疫专用章）

第一联　共二联

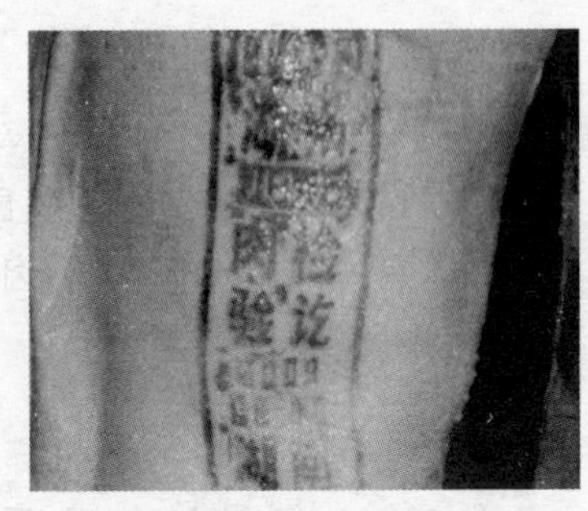

图 6-12　动物检疫合格证与兽医检验合格印讫

(2) 鲜肉的外表应干燥,肌肉切面有光泽,红色均匀,具有各种畜肉所特有的气味。肌肉结实而有弹性,手指压后凹陷立即复原,不黏手,不软化。各种脂肪有其固有的色泽,无酸败味,烧熟后肉汤透明澄清,脂肪团聚集并上浮表面,且具有各种动物肉的香味。

(3) 所采购的肉类的皮肤及肉尸无出血斑(点)、无脓肿、无病灶、无血污、无毛、无粪便污染、无有害腺体、无寄生虫(包括肉眼可见的米猪肉)等。

(4) 严禁采购死畜禽肉(病死肉多呈紫红色)。

(二) 肉类制品

(1) 干制品：常见的干制品有肉干、肉松等。其要求是:不黏手,具有制品特有香味,无异臭。

(2) 腌腊制品：常见的有咸肉、火腿、腊肉、培根肉、板鸭、风鸡等。其要求是:表面干燥,无霉斑,无黏液,不生虫。肌肉呈咖啡色或暗红色,脂肪切面为白色或微红色,组织状态紧密结实,切面平整有光泽,具有制品特有的香味。

(3) 灌肠制品：有香肠、雪肠、红肠、肉肠、粉肠及香肚等。其要求是:肠衣干燥、牢固、有韧性、无霉斑、无黏液;肉和肠衣紧密结合;肉呈粉红色,脂肪为白色;具有制品特有的香味，无腐臭，无酸败味。

（4）熟肉制品：有卤肉、叉烧、肴肉、熟副产品以及各种烧烤制品等。对这类直接食用的肉制品，特别强调原料新鲜，烧熟煮透，防止生、熟肉、工具及容器的交叉污染，保证无异味、无异臭。

第七节　如何选用安全卫生的水产食品

一、水产食品的卫生问题

（1）腐败变质。活鱼的肉一般是无菌的，但鱼的体表、鳃及肠道中都有一定量细菌。腐败变质的鱼意味着有大量细菌繁殖，并有大量蛋白质分解产物，对健康有害，不得食用。

（2）寄生虫病。在我国主要有华支睾吸虫（肝吸虫）病、卫式并殖吸虫（肺吸虫）病以及广州管圆线虫病等。预防肝吸虫病就是不吃"生鱼片或粥"；预防肺吸虫病最好的方法是不吃生蟹、生泥螺、石蟹或刺蛄；预防广州管圆线虫病的方法是不吃福寿螺或不使用生蛇皮。

（3）食物中毒。有些鱼类含有毒素，可引起食物中毒。

（4）工业废水污染。工业废水中的有害物质未经处理排入江河、湖泊，污染水体进而污染水产品，食用后可引起中毒。

二、水产食品的安全采购

（1）采购黄鳝、甲鱼、乌龟、各种贝类均应为鲜活品。

（2）采购鲨鱼、䲠鱼、旗鱼时，应检查是否去除肝脏，未

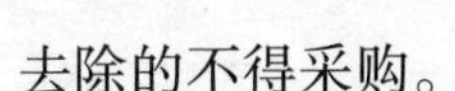

去除的不得采购。

(3) 采购鱼、贝类等水产品时,必须强调其鲜度,即体表光泽保持自然色调,不失水分,体形有张力,眼球充血、眼房鼓起透明,腮鲜红,肉体有弹性、无臭味或不良异味。

(4) 不得采购河豚。

(5) 如生食水产品,必须选购深海鱼类,因为深海海水不易受到生物性和化学性污染,鱼体内一般没有致病菌和人鱼共患的寄生虫。

(6) 干水产制品、烤鱼片等都必须具有水产品固有气味,应无杂质、无霉变、无异味或哈喇味。

三、常见问题水产品

1. 污染鱼

污染鱼一般是指在受过各种化学毒物污染的水域中生长的鱼,多种化学毒物长期汇集在鱼鳃、肌肉和脂肪里,致使鱼体带毒。人如果吃了这些有毒的鱼,也将会中毒,甚至致畸、致癌。可通过以下 4 个方面来识别鱼:

(1) 看鱼形:污染严重的鱼,形态不整齐,头大尾小脊椎弯曲甚至出现畸形,还有的皮肤发黄,尾部发青。

(2) 看鱼眼:带毒的鱼眼睛浑浊,失去正常的光泽,有的甚至向外鼓出。

(3) 看鱼鳃:鳃是鱼的呼吸器官,相当于人的肺。大量的毒物可能蓄积在这里,有毒的鱼鳃不光滑,较粗糙,呈暗红色。

(4) 闻鱼味:正常的鱼有明显的腥味,污染了的鱼则气味异常。根据各种毒物的不同,会散发出大蒜气味、氨味、煤油味、火药味等不正常的气味,含酚量高的鱼鳃还可能被点燃。

2. 染色黄鱼

染色鱼品种繁多,形形色色,市场以染色黄鱼最常见。

目前,黄鱼多为人工饲养,体色偏淡,卖相差,不法商贩为了超额利润,采用人工合成的色素对黄鱼进行染色。人工合成色素对人体危害巨大,可以通过以下方法鉴别黄鱼是否被染色。

(1) 看鱼唇:自然生长的大黄鱼,鱼体背面和上侧面是黄褐色的,下侧面和腹部是金黄色的。没有被染色的大黄鱼,鱼唇是橘红色的,而染色大黄鱼,鱼唇是黄色的。

(2) 擦鱼身:自然生长的大黄鱼本身不会褪色。大家购买时可以带上一包纸巾,取一张擦拭鱼身,如果发现纸巾上只有浅黄的黏液,证明这条大黄鱼没有被染色;而如果纸巾变成了黄色,证明这条大黄鱼被染了色。

(3) 刮鱼鳞:自然生长的大黄鱼,刮掉鱼鳞后鱼身是黄色的,水洗后不褪色;而染色大黄鱼,刮掉鱼鳞后,鱼身是淡黄色的,用水多洗几遍,这种黄色便会褪去。

(4) 泡鱼体:自然生长的大黄鱼,泡水后不会出现明显的褪色;而染色大黄鱼泡过水之后,水会变成黄色,跟啤酒的颜色差不多。

(5) 辨新鲜:一般新鲜的黄花鱼眼球饱满,角膜透明清亮,鳃盖紧密,鳃色鲜红,黏液透明无异味。肉质坚实有弹性,头尾不弯曲,手指压后凹陷能立即回复。鳞片完整有光泽,附着鱼体紧密,不易脱。

第八节 蛋类食品的卫生问题与安全采购

一、蛋类食品的卫生问题

鲜蛋的主要卫生问题是沙门菌污染及微生物污染引起的腐败变质。禽往往带有沙门菌,蛋壳表面受沙门菌污染比较严重。在一定条件下蛋内也会受到污染,其他微生物(细菌、霉菌)也可通过蛋壳上的蛋孔进入禽蛋内与禽蛋内的酶一起分解蛋内容物而引起腐败变质。禽蛋通常有少量细菌,特别是受精卵可随精液带入,但新鲜蛋清中有杀菌素,有杀菌作用。如在较高气温下存放,则很快失去杀菌作用。

禽蛋类另一个卫生问题是农药残留问题。特别是有机氯性质稳定,不易降解,可通过食物链使禽蛋中有大量残留。我国食品卫生标准规定禽蛋中汞含量不得超过0.05mg/kg,六六六和DDT不得超过1mg/kg。

二、蛋类食品的安全采购

1. 鲜蛋

正常鲜蛋的蛋壳应清洁完整,打开后蛋黄膜不破裂、凸起、完整并带有韧性,蛋黄、蛋白分明,颜色鲜艳。

2. 蛋制品

(1) 皮蛋(松花蛋):蛋壳应完整,涂料均匀。手振摇时无响声及活动感,有弹性。剥壳后,蛋白为茶色胶冻状,蛋白表面常有松针状的结晶或花纹似松花,蛋黄可分为黑绿、土黄、灰绿、橙黄等彩色层。

(2) 咸蛋:正常咸蛋煮熟后,其断面黄白应分明,蛋白质地细嫩疏松。蛋黄为沙状,呈微红色,起油,中间无硬心,味道鲜。

(3) 干蛋品:包括蛋粉与蛋白干。正常质量蛋粉、蛋白干应均匀呈黄色或淡黄色粉末状,或极易松散的块状。具有蛋粉正常气味,无异味,无杂质。蛋白干均匀,呈淡黄色透明晶片及碎屑,具有鸡蛋的纯味,无异味和杂质。

(4) 冰蛋:正常冰蛋块应呈均匀淡黄色,具有冰蛋制品的正常气味,无异臭味。

三、常见问题蛋类

1. 假土鸡蛋

土鸡蛋不含任何人工合成抗生素、激素、色素,与普通鸡蛋相比蛋白浓稠,蛋白质含量提高5%~6%,脂肪降低3%,口感香鲜、质嫩无腥味。

打开蛋壳,土鸡蛋蛋清清澈黏稠,略带青黄;蛋黄色泽金黄,浮在蛋清之上,不沉底,一根牙签插在蛋黄中间可以直立起来;它的蛋壳坚韧厚实,含钙量高,不像洋鸡蛋壳那么脆薄。蛋黄与蛋白的比例明显要高。

一般来说,土鸡蛋蛋黄颜色较深,但一些不法商贩给鸡喂饲人工色素来增加蛋黄的颜色。饲料中加有色素的鸡所产蛋的蛋黄为红色。

2. 不新鲜或变质鸡蛋

刚产出的鸡蛋放在清水中,会立即沉入水底,平躺着;随着存放时间的延长,鸡蛋逐渐悬浮在水中,室内存放15天的鸡蛋全部大头朝上、小头朝下浮在水面。

3. 人造鸡蛋

人造鸡蛋的主要成分是树脂、淀粉、凝固剂、柠檬色素等，很多地下工厂乱用添加剂，吃了这样的鸡蛋一定对身体有危害，下面是最简单的辨别方法：

看蛋壳：人造蛋蛋壳特别光滑，剥开后发现蛋清不黏稠，而且很容易和蛋黄混合成一团。真鸡蛋内壳一定有白色的薄膜，而假鸡蛋没有。

闻味道：人造蛋有很大一股化学药剂的味道，而真鸡蛋打开后无论蛋壳和蛋黄都有一股腥味。

看气孔：强光下观察蛋壳有无气孔，一般真鸡蛋有气孔。而假鸡蛋特光滑，肯定没有气孔。

手摇晃：真鸡蛋特别结实，新鲜鸡蛋怎么摇也不会感觉里面晃动，而人造蛋就有响声，这是因为人造蛋添加的化学成分不经碰撞，一旦摇晃就有水分从凝固剂中溢出。

图 6-13　不新鲜或变质鸡蛋的鉴别

上图是不同新鲜度的鸡蛋在水中沉降情况，

下图为霉变、腐败等不同程度变质的鸡蛋。

看蛋黄:人造蛋打开不久后蛋黄、蛋清就会融合到一起,因为蛋黄没有一层膜包裹,而且是同一种化学制剂制成。而且煎蛋时,蛋黄也会自动散开,形成不了圆形的蛋黄。

问价格:碰到价格特便宜的鸡蛋,就要长个心眼了。

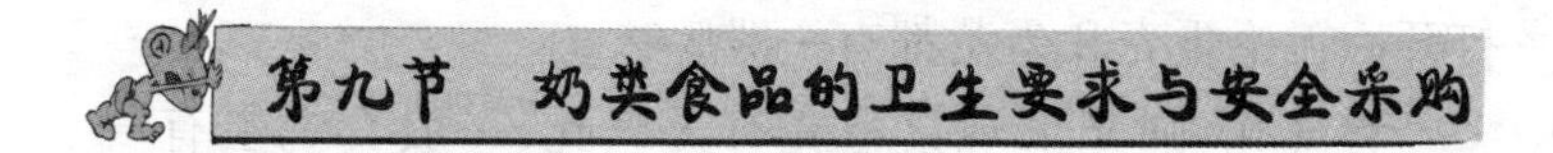

第九节　奶类食品的卫生要求与安全采购

一、奶类食品的卫生问题

奶类食品的主要卫生问题是微生物污染,其次是抗生素等兽药残留,此外就是形形色色的非法添加物,如三聚氰胺、尿素、糊精等。

二、奶类食品的安全采购

1. 鲜乳

(1) 采购鲜乳时,首先要查明是消毒牛乳,还是新鲜生牛乳,因新鲜生牛乳仅限乳品生产加工厂收购,用于加工消毒乳或其他乳制品,不得直接供应其他用户,所以,采购鲜乳必须是消毒乳。

(2) 鲜乳应呈均匀一致的乳白色或稍带微黄色,无沉淀,无凝块,无杂质。

(3) 每次按当天用量采购,不得过夜储存。

2. 乳制品

(1) 乳粉:任何包装的乳粉均应有符合《食品安全法》对标识的规定,包装必须密封、无破损。罐装应无锈斑,商标与内容物相符。乳粉应呈淡乳黄色,有光泽、粉粒大小均匀,无结块,无杂质;加糖乳粉颗粒稍大,有明显砂粒感。用水冲调后呈乳白色,有纯正的乳香味。

(2) 奶油:表面紧密,色泽均匀微黄,无霉斑,可有少量沉淀物,无异味,无杂质,具有奶油特有的香味。

(3) 炼乳:良质炼乳应呈白色略带黄色,黏度均匀无凝块,无霉斑,无脂肪上浮,冲调后有纯正的乳香味,无异臭味。质量差的甜炼乳,其色泽比正常的深,呈褐黄色或肉橘色,黏性大,乳香味差,冲调后有少量脂肪上浮及蛋白凝固颗粒。这种炼乳不能用做冷饮食品的原料,可作为食品加工原料。

三、常见问题奶类

1. 掺假牛奶

牛奶掺假形形色色,有掺水、豆浆、淀粉、碱、尿素、三聚氰胺、明胶等。在牛奶中掺水、掺米汤、掺豆浆只是为了增加分量;掺尿素(化肥)为防止牛奶在夏天变质发酸,还可提高掺水牛奶的比重,并延长牛奶的保质期。还有些奶农是用硝酸盐当防腐剂来使用的;掺碱就是为了中和已经发酸的牛奶;掺三聚氰胺、明胶是为了增加掺水后牛奶的浓度,应对奶站对牛奶蛋白质含量检测。

2. 掺假奶粉

2004 年,安徽阜阳“大头娃娃事件”起因是当地幼儿食用的劣质奶粉中蛋白质等营养素全面低下,奶粉主要成分是米粉;2008 年的“三鹿奶粉事件”是因“三鹿”奶粉中三聚氰胺严重超标,造成食用者尿结石。

掺假奶粉的检验方法:

(1) 手捏鉴别:真奶粉用手捏住袋装奶粉包装来回摩

擦,真奶粉质地细腻,发出“吱吱”声。假奶粉用手捏住袋装奶粉包装来回摩擦,假奶粉由于掺有白糖、葡萄糖、豆粉、淀粉,发出“沙沙”的声响。

(2) 色泽和组织状态鉴别:真奶粉呈天然乳黄色,质地细腻;假奶粉颜色较白,掺糖多者细看呈结晶状,掺豆粉或淀粉者呈粉末状,或呈漂白色。

(3) 气味鉴别:真奶粉嗅之有牛奶特有的奶香味;假奶粉奶香味甚微或没有奶香味。

(4) 滋味鉴别:真奶粉入口后细腻发黏,溶解速度慢,无糖的甜味,也无豆腥味和淀粉味;假奶粉掺糖奶粉入口后溶解快,不黏牙,有甜味(全脂牛奶粉)或太甜(全脂加糖奶粉);掺豆粉者有豆腥味;掺淀粉者有淀粉黏牙的感觉和滋味。

(5) 溶解鉴别:真奶粉用冷开水冲时,需经搅拌才能溶解成乳白色混悬液;用开水冲时,有悬漂物上浮现象,搅拌时黏住调羹。假奶粉用冷开水冲时,掺假奶粉不经搅拌就会溶解或发生沉淀;用开水冲时,其溶解迅速,掺淀粉的奶粉需搅动才会溶解,但形成淀粉糊状。

第十节　蔬菜和水果的卫生问题与安全采购

一、蔬菜和水果的卫生问题

(1) 微生物和寄生虫卵的污染。蔬菜栽培,利用人畜粪、尿作肥料,可被肠道致病菌和寄生虫卵污染。国内外都有因生吃蔬菜而引起肠道传染病和肠寄生虫病的报道。

(2) 工业废水和生活污水的污染。用未经无害化处理的工业废水和生活污水灌溉,可使蔬菜受到其中有害物质的污染。

(3) 蔬菜和水果中的农药残留。使用过农药的蔬菜和水果,在收获后,常会有一定量农药残留,残留量大将对人体产生一定危害。对蔬菜尤应注意,因水果有明显的成熟季节,而许多蔬菜如黄瓜、番茄在同一时间有未成熟的和可以收获的,常常是施药不久即收获销售。

二、常见蔬菜和水果的安全采购

(1) 西红柿:挑选西红柿越红越好,外形圆润皮薄有弹力的,以及底部(果蒂)圆圈小的好吃,果蒂硬挺且四周仍呈绿色的番茄比较新鲜。不宜吃全青色的西红柿,完全青的西红柿含有番茄碱,如果大量吃,人体会出现恶心等不舒服症状,但如果西红柿表面大部分都红了,只一小部分有点青则没有关系。

可采用几种方法辨别催熟西红柿,一是外形,催熟西红柿形状不圆,外形多呈棱形。二是内部结构,掰开西红柿查看,催熟西红柿少汁,无籽,或籽是绿色。自然成熟的西红柿多汁,果肉红色,籽呈土黄色。三是口感,催熟的西红柿果肉硬无味,口感发涩,自然成熟的吃起来酸甜适中。

(2) 黄瓜:刚采收的小黄瓜表面一摸有刺,是十分新鲜的。颜色应浓深有光泽,再注意前端的茎部切口,需感觉嫩绿,才是新鲜的。

(3) 洋白菜:叶子的绿色带光泽,且颇具重量感的洋白菜才新鲜。切开的洋白菜,切口白嫩表示新鲜度良好。

(4) 茄子:深黑紫色,具有光泽,且蒂头带有硬刺的茄子最新鲜,反之带褐色或有伤口的茄子不宜选购。若茄子的蒂头盖住了果实,表示尚未成熟。茄子如刀口变色,只要泡在水中即可恢复原有色泽并保持鲜嫩。

(5) 香菇:菇伞为鲜嫩的茶褐色,肉质具有弹性,才是新鲜的香菇。刚采的香菇,背面皱褶覆有白膜状的东西,若此处呈现出茶色斑点,表示不太新鲜。

(6) 菠萝:首先要看表皮颜色,青黑有光泽且浑圆饱满者最新鲜。若叶片呈深绿色,表示日照良好,甜度高,汁液多。泛出香味,用力按压有柔软感的菠萝最为可口。

(7) 草莓:新鲜的草莓果蒂鲜嫩呈深绿色。果蒂四周均应呈鲜红色,若果实还残留白色部分,表示尚未成熟。

(8) 苹果:若底部泛出青色,表示尚未成熟。敲敲看,如声音不脆,表示不新鲜。

(9) 香蕉:表皮有许多黑色斑点,且色泽深黄的香蕉最可口。若表皮青色,毫无斑点,虽然新鲜但尚未成熟。

第七章

食物中毒及其预防
——把住食品安全的关键

学校、各企事业单位、快餐公司、饭店等各类餐饮单位因伙食集中供应，一旦食品安全制度没有贯彻，管理措施放松，很容易引发群体性食物中毒。

食物中毒全年皆可发生，但多集中在每年的第二季度和第三季度，即从4～9月，尤以7、8、9月份为高峰期。

第一节　食物中毒概述

一、食物中毒的定义及其发生原因

食物中毒是指人群经口摄入正常数量、可食状态的有毒食物（指被致病菌及其毒素、化学毒物污染或含有毒素的动植物食物）后所引起的以急性感染或中毒为主要临床特征的非传染性疾病。因暴饮暴食引起的急性胃肠炎；个别人吃了某些食品（如鱼、虾或牛奶等）而发生的过敏性疾病；经食品感染的肠道传染病（如伤寒等）和寄生虫病（如旋毛虫病等),则不属于食物中毒的范围。

正常情况下,一般食物不具有毒性。食物产生毒性并引起食物中毒,多由于下列原因所致:① 致病性微生物污染食物并大量繁殖,以致食物中有大量活菌(例如沙门菌),或有大量毒素(如金黄色葡萄球菌产生的肠毒素);② 有毒化学物质混入食品,并达到能引起急性中毒的剂量;③ 食品本身在一定条件下含有有毒成分(如河豚含河豚毒素);④ 食品储存过程不当而产生毒素(如马铃薯发芽产生龙葵素)等。此外,某些外形与食物相似,但本身含有有毒成分的物质被误食,也可引起中毒(如毒蕈中毒等)。

二、食物中毒的特征

(1) 发病和吃某种食物有关,凡发病者均吃过某种共同食物,没有食用者不发病,停止食用这类食物发病则很快停止。

(2) 从进食至发病相隔时间很短,而且患者数在短时间内急剧增加,患者多集中在进食后 12 ~24 小时以内发病。有些食物中毒如化学性食物中毒,其患者的发病时间更短,一般可在进食后几分钟至 1 小时以内发病。

(3) 人与人之间无传染性,不像肠道传染病那样有传染性和连续发病的特点。

(4) 患者的发病症状基本相同,往往以胃肠道症状较为常见,如腹痛、腹泻、呕吐、恶心等。

三、食物中毒的分级

根据群体性食物中毒事件的性质、危害程度和涉及范围,依据国家有关突发公共卫生事件的分级标准,将群体性

食物中毒事件划分为一般、较大、重大和特别重大4个级别:① 一般食物中毒事件:一次食物中毒人数在30～99人,未出现死亡病例;② 较大食物中毒事件:一次食物中毒人数超过100人;或出现死亡病例;③ 重大食物中毒事件:一次食物中毒超过100人,并出现死亡病例或死亡病例10例以上;④ 特别重大食物中毒事件:由国务院卫生行政部门界定。

第二节　食物中毒的分类

按照国家标准,食物中毒分为4类:细菌性食物中毒、真菌毒素食物中毒、有毒动植物食物中毒、化学性食物中毒。在我国食物中毒的构成中,细菌性食物中毒的发生起数与中毒人数最多,占总数的40%～60%,化学性食物中毒次之,但死亡人数最多,再次是有毒动植物食物中毒;中毒场所以集体食堂中毒人数最多,占总人数的50%,而家庭食物中毒的报告起数和死亡人数最多,分别占总数的48%和85.5%。

一、细菌性食物中毒

细菌性食物中毒指因摄入被细菌污染的食品引起的急性或亚急性疾病,是食物中毒中最常见的一类。

细菌性食物中毒分为感染型食物中毒和毒素型食物中毒两类。感染型食物中毒主要包括沙门菌属、副溶血性弧菌、变形杆菌属、致病性大肠菌属、韦氏梭状芽孢杆菌等引起的食物中毒。毒素型食物中毒主要包括肉毒梭菌毒素、葡萄球菌肠毒素等引起的食物中毒。

细菌性食物中毒世界各地均有发生,与不同区域人群的饮食习惯有密切关系。在气温高、湿度大、降雨量多、经济条件差、卫生设施落后、饮水和环境不卫生的地区,发病率高,且容易引起流行或暴发。美国人多食肉、蛋和糕点,葡萄球菌食物中毒最多;日本人最爱食生鱼片,副溶血性弧菌食物中毒最多;我国食用畜禽肉、禽蛋类较多,多年来一直以沙门菌食物中毒居首位,但在沿海地区以副溶血性弧菌中毒为主,肉毒杆菌中毒有90%发生在新疆地区。

二、真菌毒素食物中毒

按照不同的真菌毒素引起的食物中毒,其主要表现如下:

1. 赤霉病麦中毒

赤霉菌是一种真菌,属于镰刀菌属。侵染赤霉菌的麦类称为赤霉病麦。赤霉病麦中毒是食用了被镰刀菌污染的麦类引起的食物中毒。中毒食品主要有大麦、小麦、玉米、蚕豆、甜菜叶、甘薯、稻秆等。中毒表现主要为:潜伏期短的10~30分钟,长的1~2小时;大多出现恶心、呕吐、腹痛、腹泻、头痛、眩晕、嗜睡、流涎,少数有发热、怕冷等,一般1~7日症状会自行消失,预后良好。

2. 霉变甘薯中毒

中毒食品是黑斑病菌污染的甘薯,甘薯呈不规则的黑褐色斑块,有苦味或药味。这种含有霉菌毒素的霉变甘薯,不论生吃或熟吃都能引起中毒。

中毒症状:潜伏期短的数小时发病,长的连续食用两个月发病。一般多有胃部不适、恶心、呕吐、腹泻等症状,较重者还有头晕、头痛、心慌、颜面潮红等，有的患者可出现嗜睡或昏迷。

3. 霉变甘蔗中毒

霉变甘蔗中毒是由于食用储存不当而霉变的甘蔗引起的急性食物中毒。患者大多为儿童。霉变甘蔗外皮失去光泽，其结构疏松变软、瓤部呈灰黑、棕褐或浅黄色。有酒味、酸味或霉味。霉变甘蔗中有一种叫"节菱孢霉"的霉菌，能产生耐热的毒素。这种毒素主要侵犯人的中枢神经系统，使大脑出现水肿和脑血管扩张。

中毒症状：潜伏期一般为15~30分钟，最长48小时。中毒初期有恶心、呕吐，随之出现眼球上翻、四肢抽搐，手呈鸡爪状。重症患者大小便失禁、颈项强直、进而昏迷、呼吸衰竭而死亡；有的患者可遗留有四肢屈曲、呈痉挛性瘫痪并常有阵发性痉挛发作等终身残疾的后遗症。

4. 黄曲霉毒素中毒

食用被黄曲霉毒素污染严重的食品后可出现发热、腹痛、呕吐、食欲减退，严重者在2~3周内出现肝脾肿大、肝区疼痛、皮肤黏膜黄染、腹水、下肢水肿及肝功能异常等中毒性肝病的表现，亦可出现心脏扩大、肺水肿，甚至痉挛、昏迷等症。

5. 酵米面食物中毒

在我国广东、广西、四川、云南以及北方等地农村，民间常用各种粗粮放于水中浸泡，使之发酵做成酵米面，再制成各种食品，常因椰毒假单胞菌（酵米面黄杆菌）污染酵米面而发生食物中毒，东北地区也称之为臭米面食物中毒。北方多以酵米面制作臭碴子、酸汤子、格格豆等，南方多为糯玉米泡制后做成汤圆。酵米面食物中毒发病急、病情严重、发展迅速，病死率高达30%～90%，至今尚无特效的治疗方法。制作酵米面的原料甚多，如玉米、高粱米、小黄米、大黄米、小米、稗子米等其中的一种或两种粮食用水浸泡，不管哪种原料，也不论泡制过程如何，尽量不要食用酵米面。

三、有毒动植物中毒

有毒动植物食物中毒是指某些动植物中含有有毒的成分，而其形态往往又与无毒的品种类似，容易混淆而误食（如毒蕈），或者由于食用方法不当引起中毒（如木薯）。还有些动植物食品并不含有有毒物质，但由于储存不当（如马铃薯发芽），或在微生物及酶的作用下（如某些鱼类）形成某种有毒物质，积累到一定数量，食用后也可以引起中毒。

1. 河豚中毒

河豚鱼的有毒成分为河豚毒素，是属于毒性最强的一类天然毒素，其毒性比氰化钠还强1 000倍。河豚鱼的卵巢、肝脏、鱼子的毒性最强，肾脏、血液、眼、鳃和鱼皮的毒性次之。一般鱼肉中不含毒素，但宰杀时易受血液等的污染而染毒。人工饲养的暗纹东方豚毒性较低，在江苏有较大的养殖规模。

河豚毒素可使神经末梢和神经中枢发生麻痹，开始时知觉神经麻痹，然后运动神经麻痹，最后呼吸中枢及血管神经中枢麻痹而死亡。一般食后0.5～3小时发病，全身不适，面色潮红，上睑下垂，瞳孔先缩小后扩大，有时伴恶心、呕吐、腹泻等胃肠症状，四肢无力、发冷、口唇、舌尖、指端等处的知觉麻痹，重者上下肢肌肉也都麻痹；成瘫痪状，以后上下肢及颜面发绀，血压和体温下降，呼吸困难，最后因呼吸中枢麻痹而死亡。本病发展很快，患者往往数小时内死亡。

2. 有毒贝类中毒

一般贝类本身并无毒，贝类毒化与“赤潮”有关。当海洋中的贝类食入有毒藻类后其所含的有毒物质即进入贝类体内，这些毒素通常耐热，一般烹调温度很难将其破坏。中毒食品主要有3类：一是麻痹性贝类，主要有紫贻贝、巨石房蛤、扇贝、巨蛎等；二是腹泻性贝类，以双壳贝，尤以扇贝、紫贻贝最甚，其次是杂色蛤、文蛤和黑线蛤等；三是神经性贝类，以巨蛎和帘蛤等贝类为主。

三类有毒贝类中毒食品的临床表现依次为：

(1) 麻痹性贝类中毒：发病急，潜伏期数分钟至数小时不等，毒素主要作用麻痹人的神经系统，初起为唇、舌、指尖麻木，随后腿、颈麻木，运动失调，伴有发音困难、流涎、头痛、呕吐，最后出现呼吸困难，患者意识清楚。严重者因呼吸肌麻痹而死亡。死亡通常发生在中毒后2～12小时内，患者如24小时后仍存活，一般预后良好。我国南方沿海已有多起这种中毒病例的报告，主要是织纹螺(图7-1)。

浙江地区

福建地区

江苏连云港和盐城地区

图 7-1　引起中毒的织纹螺

（2）腹泻性贝类中毒：根据进食的有毒海产品不同，潜伏期 30 分钟至 3 小时不等，症状持续 2～3 天，通常以胃肠道紊乱为主，症状为恶心、呕吐、腹泻、腹痛，伴有寒战、头痛、发热。预后较好，可完全恢复。

（3）神经性贝类中毒：潜伏期为几分钟至数小时，神经性贝毒引起的症状既有胃肠道症状，也有神经性症状。可出现唇、舌、喉咙和手指发麻以及肌肉疼痛、头痛、冷热感消失、腹泻、呕吐。预后较好，无死亡报道。

3. 鱼类组胺中毒

含高组胺鱼类中毒是食用含有大量组胺的鱼类食品而引起的一类过敏性食物中毒；这一鱼类主要是指海产鱼中的青皮红肉的鱼类，如竹荚鱼、蓝园、鲐鱼、金枪鱼、沙丁鱼及秋刀鱼等。中毒症状：潜伏期平均为 0.5～3 小时，短的食后几分钟就可出现面部潮红、眼结膜充血、头晕、头痛、心悸、脉快、胸闷、呼吸窘迫、皮肤出现斑疹或荨麻疹。

4. 四季豆类食物中毒

四季豆类包括菜豆、芸豆、刀豆、扁豆、棍豆等，是人们经常食用的一类蔬菜。此中毒一年四季均可发生，但在秋季下霜前后较多见。一般认为中毒与四季豆的品种、产地、季节及烹调方法等有关。四季豆中含有皂素、红细胞凝集素等有毒物质,如烹调时加热不充分,就不能完全破坏这些有毒物质。食入未烧熟的四季豆,其发病率为36%~68%。中毒症状:潜伏期为1~5小时,开始感觉上腹部不适、恶心、呕吐,并伴有头晕、头痛、腹痛、腹泻等。体温一般正常。通常吐泻后迅速自愈,预后良好。

图7-2 不同品种的豆类

5. 生豆浆中毒

生豆浆含有皂素和抗胰蛋白酶等有害物质,对胃肠道黏膜有较强的刺激作用。人们喝了未经煮沸的豆浆可在0.5～1小时内出现胃部不适、恶心、呕吐、腹胀、腹泻、头晕、无力等中毒症状。轻者3～5小时自愈。

6. 毒蘑菇中毒

毒蘑菇因其所含有毒成分不同，中毒后临床上可分4型：

鳞皮扇菌　　臭黄菇

黄粉牛肝

白毒伞

大鹿花菌

图7-3　部分有毒蘑菇

(1) 胃肠型:可能由类树脂物质,胍啶或毒蕈酸等毒素引起。潜伏期为5~6小时,表现为恶心、剧烈呕吐、腹痛、腹泻等。病程短,预后良好。

(2) 神经精神型:引起中毒的毒素有毒蝇碱、蟾蜍素和幻觉原等。潜伏期6~12小时。中毒症状除有胃肠炎外,主要有神经兴奋、精神错乱和抑制。也可有多汗、流涎、脉缓、瞳孔缩小等。病程短,无后遗症。

(3) 溶血型:潜伏期为6~12小时,除急性胃肠炎症状外,可有贫血、黄疸、血尿、肝脾肿大等溶血症状。严重者可致死亡。

(4) 肝肾损害型:主要由毒伞七肽、毒伞十肽等引起。毒素耐热、耐干燥,一般烹调加工不能破坏。毒素损害肝细胞核和肝细胞内质网,对肾也有损害。潜伏期为6小时至数天,病程较长,临床经过可分为六期:潜伏期、胃肠炎期、假愈期、内脏损害期、精神症状期、恢复期。该型中毒病情凶险,如不及时积极治疗,病死率甚高。

7. 新鲜黄花菜中毒

鲜黄花菜有毒,而晒干的无毒。鲜黄花菜含有秋水仙碱,是一种有毒物质。因此,每次不要多吃,最好不超过50 g。因每50 g鲜黄花菜约含0.1mg的秋水仙碱,人吃的秋水仙碱不超过0.1mg,一般不会中毒;秋水仙碱溶于水,吃以前,把它放在开水里略微煮一下就拿出来,再用凉水浸泡2小时以上,中间最好再换一次水,这样就可以避免中毒了。中毒的潜伏期为0.5~4小时,以胃肠症状为主。

8. 发芽马铃薯中毒

马铃薯又名土豆。其本身含有微量难溶于水的龙葵素,在储藏过程中龙葵素逐渐增加,在马铃薯发芽后龙葵素的含量会明显增加，尤其在其幼芽、芽眼周围及皮肉青紫部分的含量更高。人食入龙葵素0.2～4g即可引起中毒。

中毒症状：一般食后十几分钟到数小时出现症状，先是咽喉搔痒、口发干、上腹部烧灼感或疼痛，尔后出现胃肠炎症状，剧烈吐泻，可引起脱水及血压下降。

图7-4　新鲜黄花菜

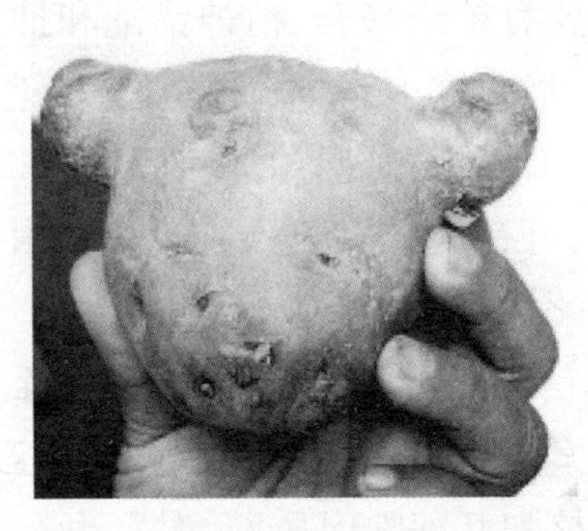

图7-5　发芽与表皮发青的马铃薯

9. 苦杏仁中毒

杏仁有两种，甜杏仁大而扁，杏仁皮色浅，味不苦，无毒；苦杏仁个小，杏仁厚，皮色深，近红色，苦味，有毒。其有毒成分叫杏仁甙，桃仁、梅仁、木薯等也含该物质。杏仁甙在人体内可水解出一种剧毒的氢氯酸，引起中毒。症状表现为：食入苦杏仁数小时后就会出现中毒症状。轻者头痛、头晕、无力和恶心，4～6小时后症状消失。中度中毒者还有呕吐、意识不清、腹泻、心慌和胸闷等。重度中毒者不但上述症状更为明显，而且还会出现呼吸困难、四肢冰冷、昏迷、瞳孔散大、对光反射消失，最后因呼吸麻痹而死亡。儿童吃5～6个苦杏仁即可能引起中毒或死亡。采用催吐并用1∶2 000～4 000高锰酸钾液洗胃急救。

图7-6 杏仁

四、化学性食物中毒

化学性食物中毒是指食物被某些金属、类金属及其化合物、亚硝酸盐、农药等污染,或因误食、投毒引起的食物中毒。常见引起中毒的化学毒物有农药、鼠药、兽药残留、砷化物、多氯联苯、亚硝酸盐等。化学性食物中毒一般发病急、潜伏期短,多在几分钟至几小时内发病,病情与中毒化学物剂量有明显的关系,临床表现与毒物性质不同而多样化,一般不伴有发热,没有明显的季节性、地区性的特点,也无特异的中毒食品。

1. 有机磷中毒

有机磷中毒潜伏期短,数分钟至两小时内发病。出现头晕、头痛、恶心、呕吐、无力、腹痛、腹泻等症状。中毒剂量大时,则有大汗淋漓、流涎、瞳孔缩小如针尖大、对光反射消失、胸闷紧缩感、呼吸急促、皮肤青紫、全身抽搐、肌肉震颤。严重者有意识不清、心动过速、血压升高、惊厥、大小便失禁、肺水肿及呼吸突然停止等。

2. 毒鼠强中毒

毒鼠强对中枢神经系统,尤其是脑干有兴奋作用,主要引起抽搐。轻度中毒表现头痛、头晕、乏力、恶心、呕吐、口唇麻木、酒醉感。重度中毒表现为突然晕倒，癫痫样大发作，发作时全身抽搐、口吐白沫、小便失禁、意识丧失。

3. 亚硝酸盐中毒

亚硝酸盐中毒是指食用了含大量硝酸盐及亚硝酸盐的蔬菜或误食亚硝酸盐后引起的一种高铁血红蛋白血症。日常生活中引起亚硝酸盐中毒的主要原因：① 误将亚硝酸盐当食盐用；② “工业用盐”用作食盐；③ 食用硝酸盐或亚硝酸盐含量较高的腌制肉制品、泡菜及变质的蔬菜可引起中毒；④ 饮用含硝酸盐或亚硝酸盐含量高的苦井水、蒸锅水，亦可引起中毒；⑤ 肉制品加工时超量用亚硝酸盐，可导致食用者中毒。潜伏期为1～2小时，皮肤呈青紫色为本病的特征。轻症者只有口唇、指甲轻度发绀，伴有头晕、腹胀、精神不振、倦怠等；重症者除上述症状外，全身皮肤呈青紫色、心跳加快、呼吸急促、烦躁不安等，如抢救不及时，最后因呼吸衰竭死亡。

4. 瘦肉精中毒

瘦肉精化学名称为盐酸克伦特罗，加热到 172℃ 时才分解，因此一般加热方法不能将其破坏，胃肠道吸收快，人或动物服后 15～20 分钟即起作用，维持时间持久。一般情况下服用 20 μg 就可出现症状。克伦特罗进入动物体内后主要分布于肝脏，在体内存留时间较长。潜伏期为 0.5～2 小时，因进食含“瘦肉精”量的多少和猪肉（内脏）的多少而不尽一致。临床表现为烦躁不安、焦虑、心悸、眩晕、耳鸣、心动过速、明显的面部和四肢肌肉震颤、肌肉疼痛、恶心、血压升高（部分）等，严重者可致昏迷。

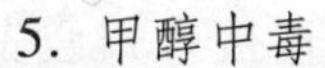

5. 甲醇中毒

甲醇是一种强烈的神经和血管毒物，可直接毒害中枢神经系统。饮用甲醇兑制成假酒或酿酒原料和工艺不符合要求，酒中含甲醇量超过国家标准者均可引起中毒。急性中毒的潜伏期通常为8~36小时，长的可达48小时。出现恶心、呕吐、上腹部不适、腹痛、头痛、眩晕。重症者还出现谵妄、狂躁、幻觉及四肢麻木、瞳孔散大、视物模糊，甚至双目失明。

6. 砷中毒

砷和砷化合物广泛用于工业、农业、医药卫生业，砷本身毒性不大，而其化合物一般均有剧毒，尤以三氧化二砷（俗称砒霜，信石等）的毒性最强。中毒常在食后数分钟或数小时内发病，最早出现口干、流涎、口腔有金属味，咽喉有烧灼感，随后恶心、反复呕吐及心窝部剧痛并引起脱水、血压下降、体温下降、四肢发冷，重症患者可发生休克，严重者可因呼吸、循环衰竭而死亡。急性中毒发展迅速，可于食后数小时或1天内死亡，因此抢救务必及时。

第三节 食物中毒的预防措施

（1）加强卫生宣传教育。人们需增强对食物中毒的预防意识，通过各种途径学习相关知识，了解当地的有毒鱼、贝、蘑菇等动植物种类及分布状况，制作有毒动植物图谱。野蘑菇采集要有组织，有专门技术人员指导。

（2）加强食品从业人员管理。定期进行健康检查，根据《食品安全法》第三十四条规定，患有5种传染病或有碍食品安全的疾病的人员，不得从事接触直接入口食品的工作。

(3) 严把质量关。防止购入变质食品。冰箱是存放食品的容器，生、熟食品，成品与半成品要分别存放，不能存放在同一冰箱内，贮存食品必须遵守先存先出的原则，冷藏设备要定期清洁、除霜、消毒，防止细菌或霉菌毒素污染食品。

(4) 切实做好生、熟分开。遵守加工过程从生到熟的加工顺序，杜绝生食与熟食的交叉污染。

(5) 直接入口食品的卫生把关。冷荤、凉拌菜、冷饮、冷食等直接入口食品，不需加工即可食用的食品，如黄瓜、西红柿、咸菜、海蜇，经过洗净、消毒后要按熟食品处理，放在熟菜盆内。加工、销售熟肉及豆制品、凉拌菜要做到“五专”，即专人、专工作室、专用工具、专用消毒液及器具、专用冷藏设备。专门放置熟食的冰箱要保持清洁，并做到定期消毒。盛放直接入口食品的容器和加工使用的刀墩用后要用热碱水彻底洗刷干净，用热力（煮沸或蒸汽及干烤）或药物消毒。

(6) 食品要烧熟煮透。熟肉制品出锅要摊开晾透后入冰箱冷藏，夏季肉制品出锅后 8 小时内如果不食用就必须回锅加热。

(7) 加强对剩米饭的管理。要进行双加热法，即当餐剩饭立即上锅加热，然后摊薄放在通风良好的地方，食前再加热，外购熟食一定要烧透或蒸透后再吃。

食物中毒发生后,其处理程序如图 7-7 所示。

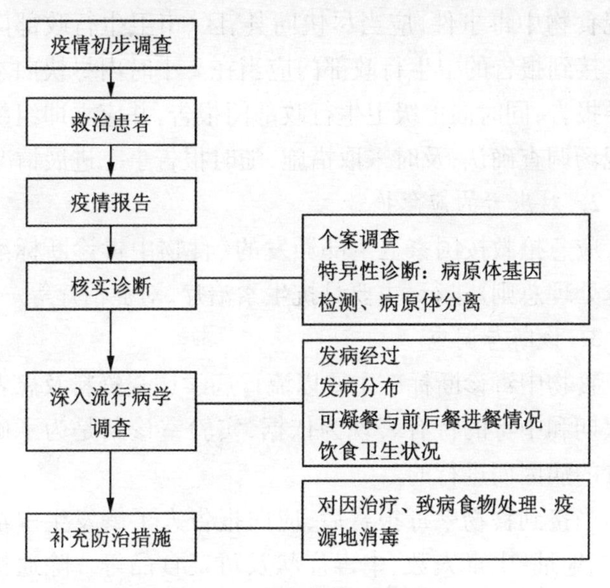

图 7-7　食物中毒处理程序

处置步骤与方法包括疫情报告、患者救治、中毒食品的追回、封存与消毒、流行病学调查、卫生监督执法、现场病因快速检测或送实验室检验等。

1. 食物中毒的报告

发生食物中毒的单位和接收患者进行治疗的医院,除采取抢救措施外,应立即向县、区、市卫生行政部门和卫生防疫部门报告。报告分为首次报告、进程报告和结案报告,要根据事件的严重程度、事态发展和控制情况及时报告事件进程。

(1) 报告的主要内容:发生食物中毒单位、地点、时间、中毒人数、主要临床症状、可疑中毒食物、危害范围、中毒原因的判定、危害范围及采取的主要措施等内容。

(2) 报告时限和程序:各类医疗卫生机构和有关单位发现食物中毒事件,应当尽快向县、区、市卫生行政部门报告。接到报告的卫生行政部门应当在2小时内尽快向本级领导报告,同时向上级卫生行政部门报告,并应立即组织进行现场调查确认,及时采取措施,随时报告事态进展情况。

2. 对患者的应急抢救

应急抢救按国家卫生部颁发的《食物中毒诊断标准及技术处理总则》进行,主要是抗生素治疗、对症治疗等。

3. 诊断与调查

食物中毒诊断标准主要以流行病学调查资料及患者的潜伏期和中毒的特有表现为依据,实验室诊断是为了确定中毒的病因而进行的。

当接到食物中毒报告后,应向报告人了解发生中毒的单位、地址、中毒人数、中毒症状及可疑食品等。除通知报告人及时送患者就医外,还要保护好现场、保留剩余食物及患者的吐泻物等。调查者应携带食物中毒调查包(调查记录表、采样用品及取证工具等)迅速赶赴现场。

在到达现场后首先向单位负责人、炊管人员及医务人员详细了解本次中毒的人数、同餐进食的人数、共同进食的食物类型、中毒患者的临床症状及共同特点以及抢救情况,初步判断是否为食物中毒。其次,为确定引起中毒的可疑食物,了解患者发病前24~48小时各餐次所吃食物的种类、数量,并以未发病者所吃食物作对照,将可疑食物集中到某餐某种食物上。同时要深入厨房食堂,调查可疑食物的来源、质量、存放条件及加工烹调方法、操作卫生等,从中找出引起中毒的主要污染环节,查明中毒原因,并封存可疑食物。再次,广泛采集样品。以剩余的可疑食物、患者的吐泻物为采样检查的重点。疑似细菌性食物中毒时,应对盛放或接触过食物的容器、工具(如刀、墩、案板、水池、盆、筐、抹布等)用灭菌生理盐水洗涤或涂抹取样,做细菌检验。如考虑为细菌性食物中毒的感染型时,可采患者急性期(3天内)及恢复期(2周左右)的血做血清凝集试验协助确诊。对食品生产经营人员和直接接触食品的人员,可根据需要采取粪便、鼻咽腔或局部皮肤涂抹取样做带菌检查。微生物检验的样品应无菌取样,理化检验的样品也要用清洁的容器盛装。所取样品容器要贴上标签、编号,严密包装。并认真填写食物中毒送检单,注明送检理由。提出食物中毒的初步印象,在短时间内尽快送检。

4. 对患者的应急抢救

应急抢救按1994年国家卫生部颁发的《食物中毒诊断标准及技术处理总则》进行,包括催吐、洗胃、对症治疗等。对病因已查明的化学性食物中毒,用特效药治疗,如解磷定用于有机磷农药、二巯基丙磺酸钠用于砷和汞中毒、美蓝注射液用于亚硝酸盐中毒、亚硝酸异戊酯用于木薯或氰化物中毒的治疗。

5. 现场处理

首先应立即收集和就地封存一切可疑食物,对已零售的同批食物应全部查清并立即追回。经采样化验后,如系含有病因物质的食物,则应根据具体情况或进行无害化处理或予以销毁,以免引起再次中毒。作饲料也应慎重。同时，对接触有毒食品的食具、容器、用具、设备等煮沸或蒸汽消毒15～30分钟，或用1%～2%热碱水、0.2%～0.5%漂白粉水溶液洗净消毒。对患者呕吐物可用20%漂白粉溶液或3%来苏尔或5%石碳酸消毒。污染的地面、墙壁用5%来苏尔擦洗消毒。清理环境，消灭苍蝇、蟑螂、老鼠等。如属化学性食物中毒，应将所有接触有毒食品的工器具、设备等彻底清洗消除污染，引起中毒的包装材料应予销毁或改为非食品用。

6. 卫生执法

卫生执法根据《中华人民共和国食品安全法》及其实施条例进行处罚。

食品消费与权益维护——食品消费的保障

面对市场形形色色的食品，我们如何选择以及在遇到食品安全问题时如何维护我们的食品消费权益？2009 年 6 月 1 日正式施行的《中华人民共和国食品安全法》（以下简称《食品安全法》）以及其他相关法律是我们维权的依据。

第一节　《食品安全法》——食品消费权益维护法宝

《食品安全法》全方位构筑了食品安全法律屏障，确立了食品生产、加工、流通、消费环节全程全面监管，生产经营者负首责（第一责任人），地方政府负总责，各监管部门分工协作，建立分工负责与统一协调相结合的食品安全监管体制。食品安全法共分 10 章 104 条，有以下几个特点。

一、关于食品安全监管体制

《食品安全法》确定了“分段监管”的体制。

(1) 实行“分工负责与统一协调相结合的体制”。

分工负责:即授权国务院质量监督、工商行政管理和国家食品药品监督管理部门依照《食品安全法》和国务院规定的职责,分别对食品生产、食品流通、餐饮服务活动实施监督管理。核发食品生产、食品流通、餐饮服务许可证。谁发证、谁监管。改变有利益争着管,没利益的都不管,推诿扯皮的局面。

统一协调:即国务院卫生行政部门承担食品安全综合协调六大职责,即负责食品安全风险评估、食品安全标准制定、食品安全信息公布、食品检验机构的资质认定条件、检验规范的制定和组织查处食品安全重大事故,起到统一规范、“分段监管”的作用。

(2) 明确了地方政府负总责,县级以上地方人民政府统一负责、领导、组织、协调本行政区域的食品安全监督管理工作,建立健全食品安全全程监督管理的工作机制。

(3) 为防止各食品安全监管部门各行其是、工作不衔接,《食品安全法》规定县级以上卫生部门、农业部门(农业部门负责初级农产品生产环节的监管,初级农产品是指种植业、畜牧业、渔业产品,不包括经过加工的这类产品)、质量监督、工商行政管理、食品药品监督管理部门应当加强沟通、密切配合,按照各自的职责分工,依法行使职权,承担责任。实行“无缝衔接”,不允许出现空白点。

二、关于食品安全风险监测和评估

食品安全风险监测和评估是国际上流行的预防和控制食品风险的有效措施。

国家建立食品安全风险监测制度,对食源性疾病、食品污染以及食品中的有害因素进行监测。对食品、食品添加剂中生物性、化学性和物理性危害进行风险评估。

三、关于食品安全标准

（1）为改变食品安全标准混乱的现状，《食品安全法》规定，制定食品标准，应当以保证公众身体健康为宗旨，做到科学合理、安全可靠。同时明确规定，食品安全标准是强制执行的标准，除食品安全标准外，不得制定其他的食品强制性标准。

（2）明确食品安全国家标准由国务院卫生行政部门负责制定、公布，国务院标准化行政部门提供国家标准编号。

（3）明确了食品安全地方标准和企业标准的地位。《食品安全法》规定，没有食品安全国家标准的，可以制定食品安全地方标准。对于企业标准，企业生产的食品没有食品安全国家标准或者地方标准的，对此应当制定企业标准，作为组织生产的依据；国家鼓励食品生产企业制定严于食品安全国家标准或者地方标准的企业标准。

（4）食品安全标准供公众免费查询。

四、关于食品添加剂的管理

（1）国家对食品添加剂的生产实行许可制度。

（2）食品添加剂应当有标签、说明书和包装。标签上应载明“食品添加剂”字样。

五、关于食品召回制度

食品生产者发现其生产的食品不符合食品安全标准，应当立即停止生产，召回已经上市销售的食品，通知相关生产经营者和消费者,并记录召回和通知情况。

食品生产经营者未依照本条规定召回或者停止经营不符合食品安全标准的食品的,监督管理部门可以责令其召回或者停止经营。

六、关于保健食品的管理

(1) 国家对声称具有特定保健功能的食品实行严格监管。药监部门负责。

(2) 具有“特定保健功能食品”,既不是一般食品,又不是以治疗为目的的药品,是介于药品与食品之间的特殊食品。保健食品绝对不是药品。保健食品批准文号、保健食品标志、保健食品功能,必须报卫生部、国家食品药品监督局审查批准。按照规定,保健品外包装的左上角必须打有天蓝色保健品食品标志(俗称“小蓝帽”),同时,保健品广告也必须附上明显蓝色保健食品标志。而非保健品擅自使用“小蓝帽”的,则属违法行为。

七、关于食品广告管理

(1) 严格对食品广告的管理。食品广告的内容应当真实合法,不得含有虚假、夸大的内容,不得涉及疾病预防、治疗功能。

(2) 食品安全监督管理部门或者承担食品检验职责的机构、食品行业协会、消费者协会不得以广告或者其他形式向消费者推荐食品。

(3) 社会团体或者其他组织、个人在虚假广告中向消费者推荐食品,使消费者的合法权益受到损害的,与食品生产经营者承担连带责任。

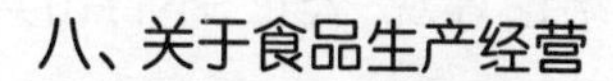

（1）食品生产经营者是食品安全第一责任人。

食品生产经营者应当依照法律、法规和食品安全标准从事生产经营活动，对社会和公众负责，保证食品安全，接受社会监督，承担社会责任。

（2）国家对食品生产经营实行许可制度。从事食品生产、食品流通、餐饮服务，应当依法取得食品生产许可、食品流通许可、餐饮服务许可。

取得食品生产许可的食品生产者在其生产场所销售其生产的食品，不需要取得食品流通的许可；取得餐饮服务许可的餐饮服务提供者在其餐饮服务场所出售其制作加工的食品，不需要取得食品生产和流通的许可；农民个人销售其自产的食用农产品，不需要取得食品流通的许可。

（3）建立完备的索证索票台账制度。如食品生产者采购食品原料、食品添加剂、食品相关产品，应当查验供货者的许可证和产品合格证明文件；食品生产企业应当建立食品出厂检验记录制度等。

食品进货查验记录应当真实，记录的保存期限不得少于2年。

九、关于食品检验

（1）食品检验机构按照国家有关认证认可的规定取得资质认定后，方可从事食品检验活动。

（2）明确食品检验由食品检验机构指定的检验人独立进行。检验人应当依照有关法律、法规的规定，并依照食品安全标准和检验规范对食品进行检验，尊重科学，恪守职业道德,保证出具的检验数据和结论客观、公正,不得出具虚假的检验报告。

(3) 明确食品安全监督管理部门对食品不得实施免检。同时明确规定,进行抽样检验,应当购买抽取的样品,不收取检验费和其他任何费用。

十、关于食品安全事故处置

(1) 规定了制定食品安全事故应急预案及食品安全事故的报告制度。事故发生单位和接收患者进行治疗的单位应当及时向事故发生地县级卫生行政部门报告。

农业行政、质量监督、工商行政管理、食品药品监督管理部门在日常监督管理中发现食品安全事故,或者接到有关食品安全事故的举报,应当立即向卫生行政部门通报。

(2) 规定了县级以上卫生行政部门处置食品安全事故的措施,如开展应急救援工作,对因食品安全事故导致人身伤害的人员,卫生行政部门应当立即组织救治;封存被污染的食品用工具及用具,并责令进行清洗消毒;做好信息发布工作,依法对食品安全事故及其处理情况进行发布,并对可能产生的危害加以解释、说明。

十一、关于法律责任

除加大了对违法行为的查处打击力度,罚款最高可以达到货值的 10 倍,还有 3 个亮点:

(1) 对特定人员从事食品生产经营、食品检验的资格进行了限制。被吊销食品生产、流通或者餐饮服务许可证的单位,其直接负责的主管人员自处罚决定做出之日起五年内不得从事食品生产经营管理工作。违反食品安全法规定,受到刑事处罚或者开除处分的食品检验机构人员，自刑罚执行完毕或者处分决定做出之日起十年内不得从事食品检验工作。

（2）《食品安全法》规定了生产不符合食品安全标准的食品或者销售明知是不符合食品安全标准的食品，消费者除要求赔偿损失外，还可以向生产者或者销售者要求支付价款十倍的赔偿金。

（3）违反《食品安全法》的规定，应当承担民事赔偿责任和缴纳罚款、罚金，其财产不足以同时支付时，先承担民事赔偿责任。

在《食品安全法》附则第102条中规定，军队专用食品和自供食品的安全管理办法由中央军事委员会依据本法制定。

第二节　如何看懂食品卫生等级

食品卫生等级，全称是食品卫生监督量化分级管理制度，是原国家卫生部在总结国内外食品卫生监督管理经验基础上，按照公平、透明、效率的原则，从有利于保证食品卫生安全，有利于调动食品生产经营单位自身管理的积极性，有利于规范食品卫生监督管理行为入手，建立的一种新的监督管理模式。量化分级管理正是强化了企业的责任，它运用危险性评估原则（确定有关食品的潜在风险，采取有效措施加以预防或把风险减到最低）对企业进行风险分级和信誉度分级，分A、B、C、D 4个等级，按等级进行分类监管。把政府的监管与企业自身管理有机结合起来，把影响食品卫生的关键因素作为政府监管的重点，合理配置卫生监督资源，并进一步明确食品生产经营单位是食品卫生的第一责任人。这种模式是将食品卫生监督管理模式向风险度和诚信度管理转变的一种有益尝试,对进一步提高食品生产经营单位的守法意识,促进企业自律和提高诚信水平具有积极的意义。

表 8-1 食品卫生监督量化分级表

食品卫生信誉度分级	卫生许可审查结论	经常性卫生监督审查结论	风险性分级	监督类别
A	良好	良好	低度	简化监督
B	良好	一般	中度	常规监督
	一般	良好	中度	
C	一般	一般	高度	强化监督
D	良好或一般	差	极高	不予验证或停业整顿
	差	—	极高	不予许可

表 8-2 食品卫生量化分级监督频率表

食品卫生信誉度分级	监督类别	一类	二类
A	简化监督	2 次/年	2 次/年
B	常规监督	6 次/年	4 次/年
C	强化监督	10 次/年	6 次/年

注:一类食品生产经营单位包括餐饮业、学校食堂、学生集体供餐单位、乳制品厂、肉制品厂、饮料厂(包括冷饮)、保健食品(新资源食品)等。二类食品生产经营单位有企业事业单位集体食堂、咖啡厅、茶馆、酒吧、面包、饼干厂、糕点厂、罐头厂、酒厂、膨化食品厂、调味品厂、粮、油加工厂、蜜饯厂、饮用天然矿泉水厂(纯净水厂)、茶叶加工厂、豆制品厂、速冻食品厂等对卫生部门已按照 GMP 和 HACCP 验证管理的食品生产经营单位不进行食品卫生监督量化分级管理,按有关规定执行。

第三节　外出就餐如何吃得营养又安全

一、外出就餐注意事项

(1) 消费者外出聚餐,应选择证照齐全、环境整洁、餐饮具清洗消毒彻底、信誉度高的餐饮单位,尽量不选择节日期间客流量陡增的餐饮单位。

(2) 选择安全菜肴,不生食海产品,不吃感官异常和未烧熟煮透的菜肴,慎选熟卤菜、凉菜冷食、四季豆、小龙虾等高风险食品。

(3) 注意餐饮具卫生,尽量选择分餐方式就餐,尽量避免个人使用的餐具在公用餐盘中夹取食物或为他人夹菜。

(4) 节假日期间应注意饮食节制,勿暴饮暴食,多食新鲜蔬菜、水果等清淡健康食品。

(5) 在餐饮单位消费时发生食品安全问题,应保存好相关证据,以便投诉。

二、外出就餐应健康点菜

如今生活富裕了,请客担心点菜少显得太寒酸,客人吃不饱的这种贫困时代已经过去了。在注重生活质量的当下,能不能点出一桌既健康、又美味的饭菜,才是凸显宴客者品味的关键所在。从今往后,不妨在点菜品种上和进餐顺序上下点功夫,看看是不是会让人一下感受到你的健康品味。

（一）前菜冷盘怎么点

传统冷盘以鱼肉蛋为主，空着肚子喝酒吃肉，实际上不利于胃肠的健康，也不利于营养素的平衡，用主食来配菜就比较合理。但是，如果是招待朋友或者商务宴请的话，一上来就给主食，又会显得不合规矩，没有面子。解决方案是在冷盘选择上下功夫。比如说，可以点些含有淀粉的凉菜，配以水果蔬菜和冷荤。用餐开始时先吃含淀粉的食物和蔬菜，再吃几口含有蛋白质的鱼肉类，再开始喝酒，让胃里面先进入一些淀粉，可以减少后面的蛋白质浪费问题，也能很快地缓解饥饿，延缓进餐的速度，减少空腹喝酒的危害。而且，这些凉菜中所含的膳食纤维，也能够弥补后面热菜中的不足。所以，凉菜多选含淀粉的食物。比如荞麦面、蕨根粉、凉粉、土豆泥、糯米藕、百合红枣、五香芸豆等。各种少油的生蔬菜、凉拌水果沙拉等，也可以点一到两个。

（二）正餐热菜怎么点

（1）食物类别多样化。很多时候，人们以为自己的菜肴足够丰富，但仔细看看，却是炖猪肉、炒猪肉、猪肉丸子之类少数食材的组合。不妨把食物划分成肉类、水产类、蛋类、蔬菜类、豆制品类、主食类等，点菜时各类食物都要纳入，在肉类当中，尽量选择多个品种，猪肉、牛肉、鸡肉、鸭肉等都可以考虑，食材尽量不要重复。

（2）荤素比例要合理。虽然在外就餐不可能完全达到一荤配三素的比例，但只要聪明点菜，仍可以达到荤素1∶1，甚至1∶2的比例。蔬菜类当中也分为绿叶蔬菜、橙黄色蔬菜、浅色蔬菜、菌类蔬菜等，尽量在搭配上做到多样组合选择。原则是素食原料应品种繁多，动物性食材不在多而在精，这样的一餐能给人留下美好而深刻的印象。比如肉类配合坚果和蔬菜，比如鸡汤配合蔬菜和菌类，水产品配合青菜围边等，既能达到美食感，又能改善各类食材的比例。

(3) 烹调方法宜少油。点菜的时候，要嘱咐厨师，炒菜的时候尽量少放点油和盐。还可以嘱咐服务员把汤、素菜早点上，尤其炒蔬菜时不要淋明油，这样就可以少吃很多的油和盐。如果可能的话，多点以蒸、煮、炖为主要烹饪方式的菜。

(三) 主食品种怎么点

(1) 尽量提早上主食。绝大部分宴席都是吃饱了大鱼大肉后才考虑是否上主食，这样既不利于蛋白质的利用，又带来了身体的负担，而且不利于控制血脂。为了不影响人们的兴致，除了在凉菜中配一些含有淀粉的品种之外，还可以在热菜中选择含有马铃薯、红薯、芋头、杂粮、杂豆之类食材的品种，如芋头炖鸡、排骨炖藕、红腰豆白灵菇牛肉粒，或是可以在热菜上了两三道后，就提早上主食。

(2) 多选粗粮、豆类和薯类。多数餐馆的主食选择除了精白米饭、细软面食，就是酥点、包子、饺子、炒饭之类。精白米饭和白面馒头营养价值不高，而且升高血糖很快，虽然它们没有太多脂肪。值得注意的是，其他花色主食是既有油，又有盐或糖，而且也没有粗粮在里面。特别要注意少点酥类小吃，它们通常都含有大量的饱和脂肪，不利健康。宴席上已经吃了那么多的高脂肪菜肴，油和盐已经相当过剩了，主食还要再加油加盐，岂不是雪上加霜么？所以多选择一些粗粮比较好。

(四) 配餐水果怎么点

如果没有刻意控制食量，餐后胃里已经充分饱满，此时再上水果，会额外增加能量供应，不利于体重控制。如果能把水果纳入一餐当中，当成一种凉菜早点上，就可以避免一餐能量过剩的问题。特别是有高血压、高血脂、肥胖者，如果空腹吃水果，胃肠没有不适，就先上水果，用它来填充胃袋，可以弥补用餐时蔬菜不足、纤维不够的问题，对预防食物过量、改善营养平衡可能是有帮助的。

此外，餐前餐后提供冰冷的水果或冰淇淋，其实并不非常合适。特别是对于胃肠功能比较弱的人来说，吃了油腻食物，餐后吃冰冷的水果，可能会影响消化吸收，造成不适。故上配餐水果不要冰镇，以常温较合适。

(五) 饮料酒水怎么点

用餐时可以点的饮料中，大部分都含糖或含酒精，这些都会增加热量，不利于肥胖和慢性病的预防。但也有些不含能量的饮料，如白开水、茶水、花果茶(如菊花茶)、炒粮食茶(如大麦茶)。它们能够补水，但不会带来额外的热量。

如果喝酒，尽量控制数量，男性控制在白酒1两、红酒1杯、啤酒1瓶以内，女性还要减半。而且尽量不要空腹饮酒。

第四节　食品安全消费如何维权

一、维权依据

消费者在发生食品安全事故后的维权依据是《中华人民共和国食品安全法》《中华人民共和国消费者权益保护法》《中华人民共和国产品质量法》《中华人民共和国民法通则》。

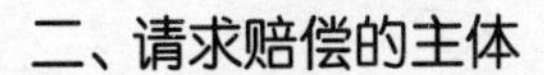

二、请求赔偿的主体

请求赔偿的主体包括食用生产者或经营者分别生产或经营的存在安全隐患的食物而导致生命、健康权受到侵害的所有受害者。

三、请求赔偿的方式

(1) 协商：所谓“协商”，是指双方当事人在平等、自愿、互谅互让的基础上，依据事实、法律、政策解决相互之间的纠纷。在这里应当指出的是，协商不得违背法律、法规和社会公德，双方所处的地位完全平等，一方不得采取威胁、恐吓等手段，胁迫另一方做出违背自己意愿、不真实的决定，同时也不得损害第三方的合法权益。协商的结果需要靠双方自觉履行，如果其中一方反悔或者不履行协议，可以寻求其他解决的办法。

(2) 起诉：受害人可以单独提起民事诉讼，如果人数众多(10 人以上)，也可以进行集团诉讼，即按《民事诉讼法》第五十四、五十五条之规定处理：“当事人一方人数众多的共同诉讼，可以由当事人推选代表人进行诉讼。”“诉讼标的是同一种类、当事人一方人数众多在起诉时人数尚未确定的，人民法院可以发出公告，说明案件情况和诉讼请求，通知权利人在一定期间向人民法院登记。”

(3) 申诉：受害人可以向工商行政部门、质检部门、食品药品安全管理局等行政机关申诉，由其对相关人员、企业进行行政处罚，对受害者进行及时的补偿。

四、请求赔偿的对象

《民法通则》第122条规定："因产品质量不合格造成他人财产、人身损害的，产品制造者、销售者应当依法承担民事责任。"《消费者权益保护法》第35条规定："消费者在购买、使用商品时，其合法权益受到损害的，可以向销售者要求赔偿……消费者或者其他受害人因商品缺陷造成人身、财产损害的，可以向销售者要求赔偿，也可以向生产者要求赔偿。"

五、请求赔偿的范围

1. 如果受害者选择侵权诉讼

(1) 经营者提供的食品，造成消费者或者其他受害人人身伤害的，应当支付医疗费、治疗期间的护理费、因误工减少的收入等费用。造成残疾的，还应支付残疾者生活自助费、生活补助费、残疾赔偿金以及由其抚养的人所必需的生活费等费用。

(2) 经营者提供的食品，造成消费者或者其他受害人死亡的，应当支付丧葬费、死亡赔偿金以及由死者生前抚养的人所必需的生活费等费用。

(3) 依法经有关行政部门认定为不合格的食品，消费者有权要求更换、退货。

(4) 如果受害者的生命权、健康权、身体权等人格权受到侵害，可以请求精神损害赔偿。

(5) 生产不符合食品安全标准的食品或者销售明知是不符合食品安全标准的食品，消费者除要求赔偿损失外，还可以根据《食品安全法》第96条之规定，向生产者或者销

售者要求支付价款十倍的赔偿金。此外，经营者构成犯罪的，应依法追究刑事责任。

2. 如果受害者选择违约诉讼

（1）按《合同法》第113条之规定处理，即"当事人一方不履行合同义务或者履行合同义务不符合约定，给对方造成损失的，损失赔偿额应当相当于因违约所造成的损失"。

（2）按《消费者权益保护法》第49条规定处理，即"经营者提供商品或者服务有欺诈行为的，应当按照消费者的要求增加赔偿其受到的损失，增加赔偿的金额为消费者购买商品的价款或者接受服务的费用的一倍"。

六、可以请求赔偿的食品

（1）用非食品原料生产的食品或者添加食品添加剂以外的化学物质和其他可能危害人体健康物质的食品，或者用回收食品作为原料生产的食品。

（2）致病性微生物、农药残留、兽药残留、重金属、污染物质以及其他危害人体健康的物质含量超过食品安全标准限量的食品。

（3）营养成分不符合食品安全标准的专供婴幼儿和其他特定人群的主辅食品。

（4）腐败变质、油脂酸败、霉变生虫、污秽不洁、混有异物、掺假掺杂或者感官性状异常的食品。

（5）病死、毒死或者死因不明的禽、畜、兽、水产动物肉类及其制品。

（6）未经动物卫生监督机构检疫或者检疫不合格的肉类，或者未经检验或者检验不合格的肉类制品。

（7）被包装材料、容器、运输工具等污染的食品。

（8）超过保质期的食品。

（9）无标签的预包装食品。

（10）国家为防病等特殊需要明令禁止生产经营的食品。

（11）其他不符合食品安全标准或者要求的食品。

七、受害者的举证责任

根据《最高人民法院关于民事诉讼证据的若干规定》的规定，此类纠纷实行举证责任倒置，即受害人只要举证证明购买、食用了存在安全问题食物的事实并受到人身伤害，其他的举证责任全部在于生产者或经营者，如果生产者或经营者不能提供证据证明存在法定的免责事由，就必须无条件地承担赔偿责任。这就要求受害者应注意收集购买食物的发票或凭证、包装盒、病历、医生诊断证明、治疗费用发票、专家鉴定等。

主要参考文献

[1] 葛可佑.中国营养师培训教材[M].北京:人民卫生出版社,2005.

[2] 中国营养学会.中国居民膳食指南[M].拉萨:西藏人民出版社,2011.

[3] 中华人民共和国食品安全法[S].北京:中国法制出版社,2009.

[4] 糜漫天,郭长江.军事营养学[M].北京:人民军医出版社,2004.

[5] 李世俊,薛平慧,徐学军,等.军队食品安全指南[M].2版,北京:人民军医出版社,2011.

[6] 李敏.现代营养学与食品安全学[M].2版,上海:第二军医大学出版社,2013.

[7] 陈君石,罗云波.从农田到餐桌:食品安全的真相与误区[M].北京:北京科学技术出版社,2012.

[8] 钱和,陈效贵.百姓食品安全指导[M].北京:中国轻工业出版社,2012.

[9] 张秉琪,郭淑珍.我们在吃什么　解读食品营养与安全[M].北京:人民军医出版社,2010.

[10] 秦卫东.食品添加剂学[M].北京:中国纺织出版社,2014.